荷花出版
EUGENE GROUP

U0122977

*9-12*歲
兒童心理透視

荷花出版

9-12歲兒童心理透視

出版人：尤金

編務總監：林澄江

設計：李孝儀

出版發行：荷花出版有限公司

電話：2811 4522

排版製作：荷花集團製作部

印刷：新世紀印刷實業有限公司

版次：2022年12月初版

定價：HK$99

國際書號：ISBN_978-988-8506-69-9

© 2022 EUGENE INTERNATIONAL LTD.

荷花出版
EUGENE GROUP

香港鰂魚涌華蘭路20號華蘭中心1902-04室
電話：2811 4522　圖文傳真：2565 0258
網址：www.eugenegroup.com.hk
電子郵件：admin@eugenegroup.com.hk

勿以幼童方式對待

　　9至12歲的兒童，正是踏入高小的階段，即讀4至6年班，甚至剛踏入中一班，可算是由兒童過渡到少年期。

　　這年齡的孩子，無論身心皆有急劇的變化，比起前一階段即初小時期，各方面的發展都有明顯的飛躍。例如在情感發展上，低年級學生常跟幼兒一樣，情緒不太穩定，往往為一點小事搞得啼笑皆非；但高小學生已逐漸意識到自己的情感表現，以及表現後可能帶來的結果，於是懂得將自己的情感收起來。

　　初小學生害怕的東西不少，如黑暗、火、生病、被狗咬等，而高小學生對虛幻的、遙不可測的東西感到害怕。但高小學生最害怕的還是學業上的失敗，測驗或考試不合格，同時也怕老師和家長指摘，怕同學譏笑，怕沒有好朋友跟他玩耍。如果這類情緒壓抑過大，或會造成心理上的紊亂，如出現學校恐懼症。

　　另一方面，高小學生十分崇敬老師，也喜歡取悅老師，以獲取老師對他的愛，這種愛非常單純，如果他真的被老師寵愛，老師的形象和精神可能在學生的心中銘留終生！

　　高小的學生，已對男女性別的行為有了明顯的認識，男女同學的學習興趣和遊戲也有顯著的分別。男同學喜歡幾個人一起玩冒險、獵奇、球類運動等室外活動；女同學喜歡幾個人一起讀書、下棋等趣味性的室內較文靜的活動。所以高小男女在一起遊戲活動的情況會較少出現，大部份是同性在一起活動。

　　高小學生有廣泛的興趣，喜歡一些有競爭性的遊戲活動，也喜歡看連環圖、電影、電視及聽故事。9歲前的兒童喜歡看笑片、童話片，其後愛看探險、冒險片。男孩愛看運動節目，女孩愛看幻想節目，他們不僅愛看，還喜歡模仿。9至12歲的兒童，生理和心理的變化很大，父母也不宜以幼童的看顧方式對待他們。各位父母，你對他們有多少了解？本書可助你一臂之力，全書請來專家為你從各方面講解此時期兒童的心理成長發展，閱過此書，一定能令你了解他們更多，甚至可成為孩子的讀心大師！

目錄

Part 1 親子關係

Part 2 身心兼顧

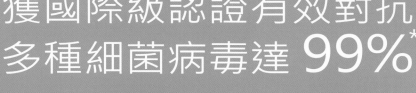

目　錄

Part 3　個性發展

鳴謝以下專家為本書提供資料

葉妙妍 / 註冊臨床心理學家

包嘉蕙 / 註冊臨床心理學家

朱綽婷 / 親子教育工作者

徐惠儀 / 親子教育工作者

譚佩雲 / 親子教育工作者

吳美嫻 / 註冊社工

范雪妍 / 註冊社工

KIWI HOUSE 卡怡可斯
家庭營養專家

全植物膠囊
適合素食人士

應對長新冠

30:1綠茶萃取
含標準90%多酚及
50%兒茶素

25-100倍
維他命C的
抗氧化能力

抗氧化 ↑

◀ 維他命C VS 綠茶素
(兒茶素) ▶

美國山茶花

KIWI HOUSE 卡怡可斯
GREEN TEA EXTRACT
EGCG兒茶素　Polyphenols 植物多酚
Supports Vascular & Respiratory Health
有助血管和呼吸健康
Suitable For Vegetarians 適合素食人士
May Assist In Stabilizing Cholesterol
Weight Management/Skin Health
或有助穩定膽固醇/體重管理/護膚
60 Vege Capsules
Dietary Supplement

KIWI HOUSE 卡怡可斯
QUERCETIN EXTRACT
Bioflavonid 植物類黃酮
Supports A Healthy Immune & Respiratory System
增強免疫力和呼吸系統健康
May Assist In Stabilizing
Blood Lipids/Cholesterol/Blood Sugar
或有助於穩定血脂/膽固醇/血糖
Suitable For Vegetarians 適合素食人士
60 Vege Capsules
Dietary Supplement

10:1洋蔥萃取

槲皮素　植物類黃酮

混合攝取
抵抗疾病
功效加倍[12][13]

北海道洋蔥

增強呼吸系統健康
研究顯示，綠茶有助減輕感冒症狀，增強呼吸系統健康[2]。

抗氧化 肌膚健康
綠茶含有的抗氧化物，有助減少光老化的影響，增加膠原蛋白含量，有助抗皺，從而具有護膚作用[3]。

舒緩炎症和支援頑症康復
(EGCG)作為抗氧化劑，已顯示出對炎症舒緩和多種疾病的有益作用[1]。

體重和膽固醇管理
亦有研究顯示，兒茶素(EGCG)對體重[4]和膽固醇[5]管理有一定幫助。每天補充綠茶提取物持續8周，可顯著降低體重和BMI[5]。

增強呼吸系統健康
研究顯示，槲皮素或可支持呼吸系統健康[8]，亦有助減輕過敏不適[9]。

提昇免疫力
洋蔥素(槲皮素)是一種存在植物中的植物類黃酮，或有助增強免疫力[7]。

強效抗氧化[7]
洋蔥素(槲皮素)在清除自由基和抗過敏特性方面著稱，眾多植物中，洋蔥含有極豐富的洋蔥素(槲皮素)。

或有益心血管健康
補充槲皮素或有助於穩定血脂[10]、膽固醇[10]及血糖[11]。有益心臟、腦部、眼睛和皮膚健康。

1:1 Ohishi T, Goto S, Monira P, Isemura M1, Nakamura Y. Anti- inflammatory Action of Green Tea. Antiinflamm Antiallergy Agents Med Chem 2016;15(2):74-90 doi: 10.2174/1871523015666160901 5154443. 1:2 Reygaert WC1. Green Tea Catechins: Their Use in Treating and Preventing Infectious Diseases. Biomed Res Int. 2018 Jul 17;2018:9105 261. doi: 10.1155/2018/9105261. eCollection 2018. 1:3 Prasanth MI1, Sivamaruthi BS2, Chaiyasut C3, Tencomnao T4. A Review of the Role of Green Tea (Camellia sinensis) in Antiphotoaging, Stress Resistance, Neuroprotection, and Autophagy. Nutrients. 2019 Feb 23;11(2). pii: E474. doi: 10.3390/nu11020474. 1:4 Vázquez Cisneros LC1, López-Uriarte P, López-Espinoza A, Navarro Meza M, Espinoza-Gallardo AC, Guzmán Aburto MB. Effects of green tea and its epigallocatechin (EGCG) content on body weight and fat mass in humans: a systematic review. Nutr Hosp. 2017 Jun 5;34(3):731-737. doi: 10.20960/nh.753. 1:5 Basu A1, Sanchez K, Leyva MJ, Wu M, Betts NM, Aston CE, Lyons TJ. Green tea supplementation affects body weight, lipids, and lipid peroxidation in obese subjects with metabolic syndrome. J Am Coll Nutr. 2010 Feb;29(1):31-40. 1:6 hd.streadline.com/lifeliving/20191129336168/1:1最9336168/1:1最 1:7 Ohishi T, Goto S, Monira P, Isemura M1, Nakamura Y. Anti- inflammatory Action of Green Tea. Antiinflamm Antiallergy Agents Med Chem 2016;15(2):74-90.doi: 10.2174/1871523015 666160901 5154443. 1:8 Reygaert WC1. Green Tea Catechins: Their Use in Treating and Preventing Infectious Diseases. Biomed Res Int. 2018 Jul 17;2018:9105 261. doi: 10.1155/2018/9105261. eCollection 2018. 1:9 Prasanth MI1, Sivamaruthi BS2, Chaiyasut C3, Tencomnao T4. A Review of the Role of Green Tea (Camellia sinensis) in Antiphotoaging, Stress Resistance, Neuroprotection and Autophagy. Nutrients. 2019 Feb 23;11(2). pii: E474. doi: 10.3390/ nu11020474. 1:10 Vázquez Cisneros LC1, López-Uriarte P, López-Espinoza A, Navarro Meza M, Espinoza-Gallardo AC, Guzmán Aburto MB. Effects of green tea and its epigallocatechin (EGCG) content on body weight and fat mass in humans: a systematic review. Nutr Hosp. 2017 Jun 5;34(3):731-737. doi: 10.20960/nh.753. 1:11 Basu A1, Sanchez K, Leyva MJ, Wu M, Betts NM, Aston CE, Lyons TJ. Green tea supplementation affects body weight, lipids, and lipid peroxidation in obese subjects with metabolic syndrome. October 25, 2018. 1:13 skypost.ulifestyle.com.hk/article/1574694/抗疫20至全食對抗新冠 港食20百全食對抗 1:13 xu1food.ulifestyle.com.hk/article/1574694/抗疫20至全食對抗新冠 ... staff writer. Antioxidant NEWS Quercetin and vitamin C taken together more effective against cancer and heart disease.

- Life Science Organization New Zealand Ltd. Unit B2, 16th Fl., Block A, Tung Chun Ind. Bldg., 9-11 Cheung Wing Road, Hong Kong.

查詢: 3176 0901 www.kiwihousehk.com

Website網站 ｜ kiwihousehk ｜ kiwihousehk

watsons 屈臣氏 ｜ 獨家發售

Part 1

親子關係

孩子越小，跟父母關係越親，當孩子漸漸長大，
與父母關係會較疏離。本章約有 40 篇文章，
從不同角度講述父母與子女關係的問題，
教父母如何改善親子關係。

親密關係8大法

專家顧問：葉妙妍 / 註冊臨床心理學家

　　孩子成長得太快，父母應珍惜與他們的相處時光，尤其是孩子幼年時期的生活習慣，與父母的良好親子關係，會影響他們日後成長與人相處和社交。因此，家長應在日常生活中，跟孩子培養出親密的關係。

親子關係影響成長

　　孩子自小跟父母的關係親密和健康，讓孩子在成長過程中感覺安全與被愛，他們日後便會敢於探索外面的世界，以及跟他人建立正面的關係。另一方面，父母都渴望孩子親近自己，可以享受甜蜜的親子時光，這些足以令父母感到，一切為孩子付出與犧牲都是值得的。良好的親子關係，同時讓孩子更願意與父母合作，遵守規矩和順從要求。即使有時他們不理解或不認同父母的意見，仍然會相信父母的教導是出於為他們設想。此外，孩子長大後遇到困難和疑惑，亦有較大機會找父母商量或傾訴。

親子日常8個習慣

很多父母抱怨，每天照顧和管教孩子已夠疲累；或者他們因為工作太忙，缺乏親子時間。其實親子互動的質素，比時間長短更重要，父母不妨在日常生活中，培養以下的親子習慣：

❶ **專心陪孩子：**父母跟孩子一起時，總是機不離手，人在心不在，或是分心處理其他事嗎？父母應放下手機，全心全意投入親子活動，給孩子樹立一個重視對方的好榜樣。

❷ **直接表達愛：**父母可用溫馨的肢體接觸，表達對孩子的愛，如起床和睡前的擁抱和親吻，平常自然的牽手、輕拍肩背、摸摸頭髮或臉龐，多給孩子眼神接觸、溫柔的笑容，以至直接告訴他們父母有多愛他們，都教孩子感受到父母無條件的愛。

❸ **跟孩子玩耍：**不少父母覺得孩子很幼稚，經常重複的玩意很無聊，或者認為自己不懂得怎樣跟孩子玩耍——其實小孩是不會介意。再多再貴的玩具，都比不上父母跟孩子玩耍，除了有助語言、情緒、社交及創造力等發展，也是拉近親子距離的不二法門。

❹ **睡前談心：**臨睡前，父母在床上跟孩子聊聊天，營造充滿關懷和安全感的時刻，讓孩子敞開心扉，感到父母在乎和了解他們，若有問題可以稍後再幫忙處理。

❺ **聆聽和接納：**親子傾談的內容，不要只談學業，父母可嘗試讓孩子主導話題，然後他們需耐心傾聽，少發表意見，不急於說教，並從孩子的角度出發，體會並接納他們的情緒，讓父母成為孩子信任的傾訴對象。

❻ **一對一時間：**尤其是多於一個孩子，或人多的家庭，每天可以安排和孩子獨處的專屬時間，共同決定喜歡做的事情，不論談天、玩耍、看圖書，或是做小手工、外出散步，都可以令孩子感到受重視。

❼ **親子活動：**和孩子一起烹飪、唱歌、講故事、做手工藝、玩遊戲、做運動、戶外活動等，都是有益身心的親子活動。

❽ **言行規範：**孩子需要規律和指引，讓他們明白父母的期望、行為準則及違規後果，貫徹執行獎罰制度，父母應教導孩子敬愛父母，明辨是非，學懂自重自愛。

總結：珍惜親子寶貴時光

父母錯過了孩子關鍵的成長階段，長大後便難以彌補，且珍惜孩子生命中寶貴的時光，建立互信互愛的親密關係吧！

為媽媽爭口氣

專家顧問：葉妙妍／註冊臨床心理學家

成績
100分

　　有些父母容易自尊感作祟，或怕被人瞧不起；又視育兒為競賽，一心要贏，常與他人作比較，故拼命在學習上催谷子女。他們以成績來判斷作為父母的成敗，往往着眼於分數，太計較結果。慢慢地，子女覺得父母的付出是有條件的，卻感受不到愛與關懷。

個案：警告要取得好成績

　　彤彤媽媽呆望着牆上的掛鐘，時針快要走到八點了，晚餐的餸菜早已攔涼。彤彤往常六時多便會從附近的補習社回來了，怎麼現在還未回家？媽媽向補習社查問，證實彤彤剛才是準時下課的。心急如焚的媽媽只好硬着頭皮，致電同一補習班的同學家長。那位同學不知道彤彤離開補習社後往哪裏去，不過倒記得今天彤彤說過，她測驗成績不理想，不想回家。媽媽赫然記起，前天替彤彤溫習時曾經警告她：「你再拿不到90分，信不信我打死你！」

德國 **RECARO**

MAKO ELITE 2 汽車座椅

孩子的娛樂好夥伴
The Entertaining Companion

 適合身高100-150cm
(約3½至12歲)
Suitable for 100-150cm
(approx. 3½ to 12 years)

 可拆式ASP
側面撞擊保護
Advanced Side
Protection
(detachable)

 設有智能保護翼
Smart Protection Wing

 音響裝置
Sound System

 空氣通風系統
Air Ventilation System

 多段頭枕高度調節
Height Adjustable Headrest
& Extendable Leg Rest

將希望寄託在孩子身上

十一年前，彤彤尚在襁褓中，父母就離婚了。雖然爸爸一直負擔兩母女的生活費，但自從他另組家庭後已鮮有見面了。彤彤媽媽對「單親」的身份非常介懷，總覺得在親友面前抬不起頭來。因此她將所有希望寄託在彤彤身上，從小悉心栽培，渴望女兒比親友子女更勝一籌，為她爭一口氣。

多年來，媽媽不惜工本、費盡心力把彤彤送進名校；又為她安排一星期七天密密麻麻的補習班、培訓班和課外活動。單是學習鋼琴，彤彤五歲已開始陪她一起學；每逢考琴試或音樂節，例必苦練至夜深。更甚的是，媽媽要求彤彤每科成績要有A或90分以上，否則難逃辱罵，甚至體罰。

父母心情七上八落

彤彤媽媽在昏黃的路燈映照下，不斷搜尋各處街道、公園、店舖……淚眼中景物朦朧一片，頭脹痛腿痠軟，心頭七上八落，彷彿就要瘋了。

「究竟彤彤往哪裏去了？」

「我為她付出那麼多，做的全是為她好。」

「我只要她拿90分，又沒有要求100分。」

「拿到好成績，她才會開心啊！」

「世上只有我待她最好，她怎會不想回家？」

媽媽的腦海閃過一些恐怖的念頭。

「不會的，她不會這樣做的。」

「失去了她，我怎麼活下去？」

她不敢再想像了，喃喃自語着：

「只要找到她！」

「只要她好好的……」

訂立合理期望和要求

栽培兒女，並非為了自己的榮耀、滿足自己的心願；所以父母應從孩子的角度出發，訂立合理的期望和要求。

學習態度遠比成績重要，有時候努力未必與分數成正比。父母可以嘗試多欣賞孩子的用功，同時讓他們知道，父母會支持、幫助他們面對學習和成長中遇到的挫折。實在不值得為了分數和名次，賠上寶貴的親子關係，犧牲孩子健全的身心發展。

討厭孩子的母親

專家顧問：葉妙妍 / 註冊臨床心理學家

　　特殊的孩子往往令人容易集中留意他們的問題，因此鼓勵
父母多觀察發掘孩子的優點，例如運動的天賦，以及開朗、熱
情、富創意、不記仇及樂於助人等性格特質。父母越接受這類
孩子，越能耐心地引導他們。

看見孩子就覺討厭

　　健仔長得眉清目秀，總是笑臉迎人。有次跟健仔的媽媽面談
時，禁不住對她說：「你的兒子真的好『靚仔』……相信不少人
都這樣說過。」怎料健仔媽媽臉色一沉：「你知道嗎？我覺得他
好『醜樣』……老實說，我看到他就討厭！」

　　「我幾乎隔天便收到老師的投訴，不是上課『傾偈』、『過

位』、『遊魂』、玩手指和文具，就是扮小丑、頂撞老師、跟同學發生衝突⋯⋯

「他自己的手冊一定抄不齊，但裏頭卻滿是老師『欠交』、『欠帶』的紅字。

「他每天放學後，書包都會亂七八糟，每個月遺失的書簿、文具等不計其數。」

孩子破壞夫妻關係

健仔媽媽繼續說：「教他功課、幫他溫習，他一會兒發白日夢，一會兒哼着歌，再不時問你沒關痛癢的事情，氣得我七孔生煙！」

最不願帶他外出，他喜歡在商場橫衝直撞，在車廂內捉住扶手繞圈⋯⋯旁人皺眉側目，我知道他們在想『這小孩真無家教』，丟臉極了！

「從前我和丈夫很恩愛，自從有了健仔，丈夫經常批評我不懂得管教兒子，完全沒有體諒我的難處，我倆經常為了孩子吵架，健仔連我的婚姻幸福都破壞了。」

家長孩子均需接受輔導

健仔患有「專注力不足過度活躍症」，在服用精神專科醫生的藥物後，他的活躍度、集中力和自制能力也稍有改善，再輔以臨床心理治療，旨在於日常習慣、學習、社交、情緒及行為各方面，提升適應能力。

心理輔導由健仔的父母開始，先讓他們了解，過動症是一種發展障礙，並非孩子頑劣、故意搗蛋、不聽話、製造麻煩，甚至跟父母和老師作對。至於成因，也不是源於父母的錯，只是父母若能同心協力，教得其法的話，可助孩子克服障礙，逐漸融入社會。

健仔特別需要規律的生活習慣，簡單而寧靜的家居環境；平日課後，父母可安排他進行一些消耗精力的活動。跟健仔說話前，最好先以身體或目光接觸取得他的注意力，指令務必簡短清晰。同時要設定清楚行為準則，並貫徹即時執行獎罰。此外，針對健仔組織條理和散漫衝動等弱點，父母應教導他執拾整理自己的物件，以及學習自我提醒的方法。

EUGENE **baby**.COM 荷花網店

一網購盡母嬰環球好物!

免費送貨服務*
亦可選門市自取貨品#

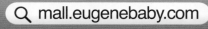
🔍 mall.eugenebaby.com

免費 登記成為網店會員
專享每月折扣，兼賺積分回贈!

優質 環球熱賣母嬰產品
性價比高，信譽保證，安全可靠!

即刻入嚟睇睇

🛒 **BUY**

父母最傷孩子的話

專家顧問：葉妙妍 / 註冊臨床心理學家

　　培育子女成才，是為人父母的天職，愛之深，責之切，也是人之常情。然而，父母每天承受現實生活的壓力，有時不自覺會將焦慮、煩躁、挫敗、怨氣等發洩在子女身上，造成親子衝突。

5大類傷害性說話

　　父母教導子女是忍耐力的極大考驗，更容易令人情緒失控。於是家長最毒舌的話，諸如叫孩子去死、做乞兒等惡毒詛咒，很不幸地往往出自父母口中。父母傷透孩子心靈的說話，通常有以下五大類：

❶ **羞辱字眼**：冇腦、蠢到死、冇鬼用、廢柴。

❷ **與人比較**：你學吓人啦！你睇吓人哋幾叻！

❸ **嘲諷挖苦**：駁嘴你就叻，讀書又唔見你咁叻？衰嘢就學到足，好嘢又唔見你學？

❹ **威脅恐嚇**：未做完冇飯食、再曳唔要你、信唔信我打死你。

❺ **粗言穢語**

孩子的自我形象，源自與身邊成人的交往，尤其是父母。子女接收父母對自己的評價，建立了自我概念，日常行為便會符合父母的看法。例如父母經常罵孩子蠢或沒用，他們就會相信自己不如人，努力也無補於事，繼而選擇自暴自棄——結果體現了父母的評語。

孩子最想聽到的説話

那麼，孩子最想聽到父母説怎樣的話呢？

❶ **讚賞肯定**：做得好、有進步、好努力認真喎。

❷ **鼓勵安慰**：畀心機、唔好放棄、盡咗力就得喇、我實支持你。

❸ **溫暖關懷**：夠唔夠暖、係咪好劫呀、今日辛苦喇、休息多啲。

當孩子學習新的知識和技能時，父母如能以接納及鼓勵的態度，不作催迫或干預，孩子會樂於主動嘗試，並從中了解自己。相反面對處處限制、譏笑或挑剔自己的父母，子女會容易放棄，失敗後歸咎自己，並認為自己沒有價值。

影響自信和自我感覺

自尊感與實際能力沒有絕對關係，卻會影響孩子的自信心與自我感覺。發展心理學家表示，老師發現自尊感強的學生較自信、獨立和富好奇心，他們會主動訂立目標，喜歡挑戰、探索、發問及嘗試新事物；他們會正面地形容自己，為自己的成就自豪；在轉變和壓力中更適應，在困難挫折中更堅持，在批評和嘲笑中也應付得更好。

不管是想聽，還是不想聽的，孩子都會十分在意父母的話，終生銘記於心，並以此給自己定位，判斷自己的重要性、是否值得被愛，以及是個怎樣的人。

父母的話對子女有莫大影響力，孩子感到父母的接受和認同，有助建立正面的自尊感，學懂愛惜自己，有勇氣和動力創造美好的將來。

父母像哪種動物？

專家顧問：葉妙妍 / 註冊臨床心理學家

　　我喜歡請孩子們選擇一種動物來形容自己的父母，因為這既能讓他們發揮想像力，又可以讓他們具體地表達對父母的感覺。究竟在子女眼中，父母的形象是怎樣的？且一起來傾聽他們的心聲。

外表掛帥

有些孩子只會憑父母的外貌來構思哪種動物比較似自己的父母，例如：

「我爸爸長得很高，像隻長頸鹿。」

「爸爸似隻黑猩猩一樣，鬍鬚兀突。」

「媽媽前面兩隻大門牙很突出，似隻白兔。」

「我的媽媽像一條蛇，因為她很瘦。」

童言無忌

孩子們最天真無邪，令人忍俊不禁的答案是：

「我的爸爸是一隻豬，食飽就瞓！」

「媽媽似樹獺，做甚麼都很慢。」

「我的媽媽像一隻蝙蝠，因為她近視很深。」
「爸爸很像熊貓，通宵後，他的雙眼就有黑眼圈。」

原因大不同

即使孩子選擇的是同一種動物，但他們的背後原因，卻可以是截然不同：

獅子：「媽媽像河東獅吼，嚇得我和爸爸都不敢作聲。」
「獅子是萬獸之王，就像爸爸是一家之主，威風地掌管全家大小。」
鷹：「媽媽是隻鷹，無時無刻緊盯着我們。」
「爸爸像鷹一樣靈敏，經常為我們留意身邊有沒有危險。」
雀仔：「爸爸是隻雀仔，他經常出差、去旅行。」
「媽媽就像雀仔，整天吱吱喳喳吵個不停。」
袋鼠：「媽媽就是袋鼠，盡力保護自己的子女。」
「我的媽媽似袋鼠，因為她從不怕跟你打架！」

正面形象

有些孩子，會形容他們的父母有正面形象：
「爸爸像頭牛，為了養家，辛勤工作，任勞任怨。」
「我的爸爸是海馬，他照顧我多過媽媽。」（雄性海馬生產幼兒）
「媽媽是隻綿羊，她很溫柔，從來不會兇我。」
「我的媽媽像一隻貓，很喜歡乾淨、整齊。」

引以為戒

也有些孩子，把自己父母形容為的動物，可令父母引以為戒：
「爸爸似隻老虎，很惡，也很嚴，還經常發火！」
「媽媽像大灰狼，整日打人鬧人，很恐怖！」
「我爸爸跟媽媽吵架時很野蠻，像一隻狒狒。」

總結：以動物形象 認清自己

孩子們以動物作比喻，鮮明地反映了父母在他們心中的形像，透過日積月累的觀察與相處，子女建立了對父母的看法和感受。作為子女的榜樣，父母一方面固然是孩子模仿、學習和認同的對象，從小言傳身教，潛移默化。另一方面，父母如何對待和評價子女，也會影響他們的性格發展和自我形象。但願為人父母者，可以多耐心聆聽孩子的心聲，以此為鏡，認清自己。

爸爸，你愛不愛我？

專家顧問：葉妙妍 / 註冊臨床心理學家

　　現代父母很多都生長於傳統家庭，上一輩對他們的教育，不多不少也影響了他們的價值觀。尤其是當他們自己亦成為父母後，便往往不自覺地用了上一輩的教育方法來教育子女，以致產生了親子間的嫌隙。

活潑開朗 但最怕爸爸

　　九歲的聰聰是家中獨子，從小品學兼優，在家裏也乖巧聽話。不過，他有時會無故悶悶不樂或亂發脾氣，叫人摸不着頭腦——因此父母帶他來見臨床心理學家。

　　聰聰是個身形瘦削的小男孩，他口齒伶俐，活潑健談，很快便打開話匣子，興高采烈地跟我分享他迷上的偵探小說和樂高積木系列。

聰聰又介紹他的學校，告訴我他喜歡上體育課、中文老師最惡、數學老師最受歡迎。他每天最期待小息時間，可以和朋友打乒乓球，所以他很喜歡上學。聰聰放學回家，最愛黏着照顧他的媽媽，給她匯報學校的趣事。我問聰聰，爸爸下班回來，最喜歡跟他做甚麼。聰聰突然「嘩」的一聲哭了！

傳統家庭 須循規蹈矩

「爸爸從來不會跟我玩，也不會和我一起聊天。」

「他對我好惡、好大聲，經常鬧我！」

「我究竟有甚麼不好？他一點也不喜歡我！」

聰聰放聲嚎啕大哭，父母都呆住了。我感到鼻子一酸：「那麼，聰聰你想要怎樣的爸爸呢？」

「我想像其他同學一樣，有個會抱我、親我的爸爸。」聰聰嗚咽着説。

我嘗試了解聰聰的爸爸，原來他生於六子女的大家庭，父親是傳統的一家之主，整天板着面孔，不苟言笑。他對孩子要求嚴格，從端坐執筆，到餐桌禮儀，都必須循規蹈矩。他嚴謹執行「食不言、寢不語」，只要他「吭」一聲，全家頓時鴉雀無聲。

身體接觸 學習表達愛

「你覺得自己跟父親的關係如何？」我問聰聰爸爸。

「我從小就很怕他，至今都很疏離……我不懂他。」

「你想將來聰聰長大了，跟你有怎樣的父子關係呢？」

「我想他和我像朋友一般，可以談天説地。」然後，聰聰爸爸陷入一片沉思。

此後，我沒有再見過聰聰一家。約兩三年後，有位太太致電查詢她親戚孩子的問題，之後她問我是否還記得她──原來她就是聰聰的媽媽。

她告訴我，自從見了心理學家，聰聰的爸爸徹底改變了，他努力當一個慈父，學習跟聰聰傾談和玩耍。媽媽亦鼓勵爸爸多嘗試適當的身體接觸，例如擁抱、拖手、親吻等，來表達對兒子的愛──我感到無比的欣慰。

聰聰的爸爸，受到原生家庭的影響，不自覺複製了嚴肅冷漠的父親形象；幸好童言無忌的聰聰喚醒了他，讓他變成一個懂得表達愛的爸爸，從而建立親密的父子關係。

爸媽你知道我痛嗎？

專家顧問：葉妙妍 / 註冊臨床心理學家

　　現代夫妻離異個案日漸增多，若沒有孩子的，倒可乾脆撇脱的各走各路。然而，如打算離異的夫妻已擁有了孩子，卻不是話離就離，可如此的灑脱。尤其是孩子的年紀漸長，開始意識到父母的離異，破碎了的家庭便為孩子帶來或多或少的傷痛。

父母離婚 行為出現偏差

　　美玲的媽媽帶她來見心理學家，因為媽媽實在感到束手無策。

　　「幾個月前，她開始經常咬手指甲、挖鼻孔，還把指甲和鼻屎都吞掉。」

　　「最近她竟然偷偷剪掉家中小狗的鬍鬚，更企圖用打火機燒牠的尾巴！」

　　美玲低着頭，緊抿着嘴，默不作聲。才四年級的小女孩，跟媽媽一般圓圓的臉蛋——我難以想像她會幹出這樣的事。

原來美玲的父母在辦理離婚手續，爸爸搬走已半年了，每個星期天會來接女兒外出短聚。美玲起初不願提及她的事。我單獨跟她邊玩耍邊閒聊，後來發現她擅於用繪畫表達自己。我把美玲的一幅畫給她媽媽看：畫中的父母在街上吵架，她在一角掩着耳朵落淚……媽媽的眼圈紅了。

避免孩子面前 出現爭吵

「我和她爸爸經常吵架，也不管女兒是否在旁，我實在沒有想過她的感受。」

至此，媽媽方才明白，美玲的行為問題，只不過是反映出她內心的不安、恐懼和憤怒。

美玲的父母都是性情剛烈的人，容易「火星撞地球」，對管教孩子方面亦各持己見。儘管如此，為了女兒着想，我勸他倆不要在周日碰面時爭吵，也不可在女兒面前跟對方通電話時發脾氣。

我建議父母向美玲承認從前家無寧日，以致父母離異，對美玲所造成的影響，而且這絕對不是她的錯。同時，保證日後努力和諧共處，好好控制自己的情緒。此外，我鼓勵父母要為美玲的問題和福祉多作溝通，而女兒對另一方的掛念和親愛，亦應予以諒解。

此後，美玲的情況日漸改善了，她給我畫了另一幅圖畫：父母和她三人並排而坐，臉上都掛着笑容，頭上戴着冠冕，圖畫上方寫的是「模範家庭選舉」。

陪伴成長 父母關係不變

我知道美玲一直期望父母復合，尤其現在他倆似乎不再吵嘴了；她仍夢想有天爸爸會搬回來，過着一家三口的幸福生活。

可惜經歷長年累月的吵吵鬧鬧，已對美玲父母的婚姻造成無可挽救的傷害。媽媽其實對對方仍心懷怨恨；而爸爸已開展了新一段感情——對美玲來說，會是沉重而殘酷的打擊，但也是她必須學習接受和跨越的心理關口。

父母要讓美玲理解，破鏡重圓已沒可能。雖然他倆不再是夫妻，但永遠會是她的父母，並承諾一定會陪伴她成長，繼續共同照顧和教導她；對她的付出和關愛，是一生都不會改變的。

別擔心，我可以的！

專家顧問：葉妙妍／註冊臨床心理學家

　　從事臨床心理服務十多年，有些孩子的個案，教我特別難忘，其中包括當年十歲的德仔。那時候，我在社會福利機構工作，被喚作「葉姑娘」。

父母離異 要過新生活

　　德仔穿着雪白的校服，背着笨重的書包，胖嘟嘟的臉孔，架着圓圓的眼鏡。「葉姑娘，你好！」他總是面帶笑容，禮貌的給我打招呼。

　　德仔的父母剛離異，媽媽帶着他，搬到遠離舊居的社區，又嘗試在附近經營小舖，希望過新的生活。然而德仔這個學期的成績差強人意，加上他很少表達自己，媽媽擔心家庭的變化，對他的心理有負面的影響。

Kore Pro I-Size
汽車座椅 Car Seat

扣好安全帶
輕鬆易上手

Buckle Up!
It's in their hands

採用i-Size安全標準，適合約3.5歲至12歲
i-Size Safety Standard & suitable for approx. 3.5-12 years

Click Assist Light顯示燈，快速找到安全帶扣位置
ClickAssist light illuminates buckle to fasten seat belt easily

可調校頭枕高度及靠背寬度，配合不同成長階段
Adjustable headrest and backrest to fit growing child

升級版側面保護
Superior Side Protection (SPS Plus)

MAXI·COSI®
We carry the future

MaxiCosiHK

面對變化 總說應付得來

對於不愛說話的德仔，每次的輔導，我習慣跟他在遊戲室裏度過：積木、堆沙、棋類、玩具屋……德仔都專注投入，也喜歡邀請我一塊兒玩。

由於媽媽工作很忙，德仔每天自行乘車上學。搬到老遠後，每天上下課的車程差不多要一句鐘，放學時往往累得在途中睡着了。他會說：「不要緊，我習慣了。」

我不放心德仔放學後來見我，然後自己乘車回家。「我可以自己來的！」、「我很想來玩，讓我來好嗎？」他苦苦央求。最後他按要求，每次回到家後，着他致電我「報平安」。

我問德仔在新居的適應、校園生活、與父母的關係……他老是答：「幾好呀」、「無問題呀」、「不用擔心」、「我應付得來的」。

需要時間 重回正軌

本來父母分離，成為單親家庭，對小孩子來說，已經不容易接受。作為父母，只能致力令孩子原本的生活，盡量不要改變。德仔要搬到陌生的地方，還要學會獨立，實在面對很大的挑戰。幸好他個性樂天積極，父母對他的關愛亦沒有改變。

我替德仔做過智力評估，他屬優異智能，其實是個聰明的孩子。可能因為家庭和生活的轉變，需要多點時間適應。果然到了下學期，他在學校各方面的表現又回復正常了，媽媽亦漸漸放下心頭大石。

後記：

有一次，我和德仔如常在遊戲室玩耍。他忽然停下來，神色凝重地問我：「你嗅到嗎？」我說：「甚麼？沒有呀。」他說：「我剛放了一個屁啊！」他一臉認真的說。

到了最後一節的輔導，德仔臨走時送我一張致謝卡，上面寫着「心地善良的葉姑娘」。

我遙望他背負重甸甸的書包的背影，心裏實在捨不得這個純真可愛又乖巧懂事的小男孩。

家有一老孩子之寶

專家顧問：葉妙妍 / 註冊臨床心理學家

　　不少父母認為，跟祖父母「相見好、同住難」。單是老人家的日常生活習慣，能否彼此遷就已成問題。而且兩代人價值觀念迥異，相處通常有代溝；加上祖父母多驕縱溺愛孫兒，在管教孩子方面容易出現磨擦。

個案：婆孫感情融洽

　　很多長輩都對賢仔讚不絕口，說他是個乖巧又細心的孩子，因為他對外婆照顧周到、愛護有加：跟婆婆說話會靠近耳邊，把聲量稍稍提高；一起走路時，會放慢腳步；上落車或梯級，會伸手攙扶；吃飯會幫忙盛湯夾菜；在酒樓點菜，會提父母選較清淡和易消化的菜餚；不時對婆婆噓寒問暖，身體不適便主動端水、

捶背、塗藥油；經常提醒婆婆忘了做的事情、攜帶的東西；每晚九時會保持安靜，生怕打擾已上床就寢的婆婆⋯⋯

原來賢仔自小就跟婆婆同住，平日父母忙於工作，婆婆就在家肩負看顧賢仔的重任。多年來孫兒的起居飲食，婆婆都照料得無微不至，從穿在身上的「溫暖牌」毛衣，到帶回校的飯盒，都由她一手包辦，既是孫兒的保母，也是他的玩伴。賢仔從襁褓時期，已習慣跟婆婆同睡，難怪兩婆孫那麼親暱。

三代相處融洽

不過，賢仔的父母卻認為，三代同堂，共享天倫之樂，是一家人的福氣。同住不但可以互相照顧，更能維繫深厚親密的家庭關係。儘管有時兩代對事物的看法存在分歧，教養方式亦會有所不同，其實大家同樣出於愛護孩子之心，無非為了賢仔着想，只要多耐心溝通，多妥協包容，問題自然迎刃而解。

賢仔的父母，向來很尊重婆婆的日常習慣、興趣愛好和選擇權利。大家意見不一時，也不會出言頂撞，希望以身作則，給賢仔敬老、孝順的薰陶。孟子曰：「老吾老，以及人之老」。賢仔關心婆婆之餘，亦懂得尊敬和禮待其他老人家，所以他乘車習慣讓座，也會讓長者先行。

培養孩子 敬老護老美德

祖孫關係緊密，除了那份親情，還有另外的可取之處。老人家人生經驗豐富，閱歷深廣，祖孫有空聊聊天，也有機會聽聽祖父母當年的故事，同時吸取他們生活的智慧。而且老一輩大多經歷過艱苦奮鬥的日子，因此一般都會較刻苦和節儉，對食物和用品都珍而重之，捨不得丟棄。還有普遍習慣儲蓄、購物格價和謹慎用錢，故此可以教導生活充裕、物質泛濫的新生代珍惜所有、不浪費及不隨便花費的生活態度。

俗語有云：「家有一老，如有一寶」。老人家為家庭付出，為社會貢獻，造就下一代的安穩生活，理應得到社會的關愛和尊敬。在家庭中，自小培養孩子敬老、護老的美德，他朝將成為教人欣賞和敬重的人。

兩代湊仔易生磨擦

專家顧問：葉妙妍 / 註冊臨床心理學家

　　兩代父母在教養孩子的標準和方法上出現分歧，是正常不過的事，這些包括行為要求、管教方式、起居照顧如飲食、衛生、健康、安全等。首先，家長要體諒祖父母的精神體力限制，習慣和觀念根深柢固；同時應嘗試明白他們的難處，好像因身份角色不同，難以用權威督促孩子。

管教孩子出現磨擦

　　小慧習慣每天放學後，住在附近的外婆會來家裏照顧她。由於父母工作繁忙，往往在小慧吃過晚飯後才回家。

　　今天小慧感到晴天霹靂。因為媽媽宣佈由下星期起，婆婆不

會再來，指令她放學後自行到課餘託管中心。

　　事緣小慧因瑣碎事頂撞婆婆，被媽媽斥責沒禮貌，接着媽媽和婆婆更大吵起來：

「我說過多少次了？你這樣做，只會縱壞小慧！」

「我沒有管束過她嗎？我七十歲了，哪來那麼多力氣？」

「小慧已經小學三年級了，你還給她餵飯！」

「她吃得太慢了！飯菜涼了吃進肚子裏無益啊！」

「叫你不要給她買糖果、薯片、朱古力，那些是垃圾食物呀！」

「沒有啊！我很少讓她吃零食。」

「還有任由她看電視，晚上我回來，她還未做好功課！」

「她不肯聽我的，只叫我不要嘮叨，我可以怎樣？」

「小慧發脾氣後，你就順從她，她越來越難教了！」

「要我替你照顧女兒，有甚麼就挑剔怪責我！唉！我前世作了甚麼孽，捱了大半生，老來還要受兒孫氣……」

避免直斥其非

　　事實上，家長宜給子女樹立起尊重長輩的好榜樣，對祖父母的付出表達欣賞，肯定他們愛護孫兒女的心意，避免當着孩子或伴侶的面產生爭拗或直斥其非，指摘他們不依從自己的意思，甚至將孩子的問題歸咎他們。

和諧地達成共識

　　至於教養方面的差異，必須雙方平和而坦誠地多作溝通，了解大家的想法。家長應強調彼此的出發點，同樣為了孩子身心健康成長，都是處於同一陣線；然後再耐心地解釋管教方法和背後的原因，互相協議達致共識。

參加工作坊 與時並進

　　近年的家長教育講座和工作坊，越來越多祖父母參與。家長可以鼓勵祖父母一起觀看親子管教節目、上家長教育課，讓他們的教養理念和方法與時並進，自然更容易協調出一致的管教方向。

　　家長平日別忘記多關懷祖父母，例如主動關心他們的健康，促進家人關係和睦。若兩代相處融洽，遇上照顧或教導子女的問題，亦較易有商有量，攜手並肩培育孩子。

弟弟沒有了

專家顧問：葉妙妍 / 註冊臨床心理學家

　　遭逢年幼子女不幸離世，父母自然難以接受，自己的傷痛都處理不來，更遑論家中其他孩子的心理創傷。不過，假如兒童的哀傷沒有得到適當處理，可能會出現發脾氣、不聽話、待人冷漠、寢食不安、無心向學或行為倒退等現象。有效的支援和輔導，可以幫助兒童走出哀傷的陰霾，再與父母攜手譜出家庭生活的新樂章。

想問，又不敢問

　　有些事情，我很想問，但爸爸媽媽不願意講。又可能他們以為我不會明白，可是這些事情，有天我總要知道。

　　等了半天，爸爸媽媽終於回來了，我飛奔去開門。

　　「咦！弟弟呢？不是接他出院嗎？」

　　我抬頭發現，媽媽雙眼紅腫，爸爸面色很難看。

　　「柔柔，弟弟走了，不會回家了。」

　　我摸不着頭腦，弟弟不是幾天前才出生嗎？我昨天明明透過手機看到爸爸媽媽在醫院抱着弟弟的影片。

裝作堅強 扮若無其事

　　自此，家裏的氣氛變得死氣沉沉。媽媽時常待在房間裏，

DDODDOMAM 또또맘 **RENEWALLIFE**

100% 韓國製造

鬆脆美味
大人細路都啱食!

草莓香蕉糙米條
Real Puffing Strawberry & Banana

25g (110kcal)

芝士糙米條
Real Puffing Cheese

25g (115kcal)

朱古力糙米條
Real Puffing Choco

25g (115kcal)

甜薯粥
Sweet Potato Porridge

100 g (80 kcal)

- **12m+** 適合12個月或以上
- 採用楊平郡優質糙米及小麥粉等主要材料
- 擁有HACCP認證 安全可靠
- 不經油炸、健康有益
- 無添加劑、防腐劑及人造色素

www.renewallife.com   韓國製造

4大零食系列

6m+
有機米牙仔餅系列
Organic Rice Rusk
(五款口味)

6m+
有機米條系列
Organic Rice Stick
(三款口味)

12m+
米泡芙系列
Rice Puff
(五款口味)

12m+
有機紫菜
Organic Seaweed

EUGENE **baby** 孩子寶   EUGENE **baby**.COM
Retailers in Hong Kong & Macau

爸爸整天垂頭喪氣；沒有人有心情陪我玩，沒有人再跟我談天説地。我盡量不會提，只能躲起來哭，我不想爸爸媽媽難受——大家裝作堅強，扮若無其事，努力讓一切正常。爸爸開始逐一送走嬰兒房的東西，看到他準備丟棄小玩具時，我忽然衝過去，死命的搶回來説：「這是弟弟的，是我買給他的，你不可以丟掉！」

我們最怕別人問起弟弟的去向：「寶寶出生了嗎？」、「現在幾個月大了？」有次乘車時，坐在旁的一個母親，不停講了一大堆，問我爸爸媽媽會否多生一個孩子、要趁早做家庭計劃……我終於失控地喊：「不要講了！你不要再講了！」

影響至無心向學

一個學期下來，我不知怎的，在學校一塌糊塗，最後老師要求見家長。她投訴我上課發白日夢，經常欠交功課，成績考個「滿江紅」。大概爸爸媽媽告訴了老師家裏發生的事，結果決定帶我去接受心理輔導。記得那個姑娘，第一次見面便直接對我説：「柔柔，我知道你弟弟的事，他已經死了。」

我呆了一下，然後放聲大哭，哭了很久很久。

「我不捨得他，很掛念他。」

「你知道他去了哪裏？」

「是不是我不好？是我叫媽媽生個弟妹給我的。」

姑娘説弟弟的死純屬不幸，不是任何人的錯，我的反應也是正常的。她讓我哭，鼓勵我説出自己的想法，也教我用畫畫和書寫表達感受。她又用一幅幅圖畫，講解自然生物的四時變化和生命周期，讓我明白生死的道理。

一家人美好的回憶

後來，爸爸媽媽在姑娘面前，向我解釋了弟弟的事情。原來弟弟出生第二天，被發現有先天的問題，醫護曾盡力搶救，還是活不下來。爸爸媽媽更告訴我，弟弟安躺在甚麼地方，我們帶了鮮花和糖果去探望他。之後我們又一起為弟弟製作了一本紀念冊，內裏有他的超聲波和出生照片，記錄了他在媽媽肚子裏的成長過程，還有我們想對他説的話和祝福。雖然我沒有抱過、親過弟弟，仍慶幸能陪媽媽經歷他在肚子裏一天天成長。我們一家對他的愛，也永遠不會失去。我相信弟弟去了很遠的地方，但終有一天會跟他重聚。

工人姐姐的自白

專家顧問：葉妙妍 / 註冊臨床心理學家

　　八年前的一個凌晨，我含淚吻別還在熟睡中的子女，然後悄悄帶着行李出門。我小心翼翼，不要吵醒孩子，不許自己回頭望──我怕會捨不得離開。

為子女撐下去

　　接下來的幾個月，我思鄉病重，掛念子女，終日以淚洗面，食不下嚥。僱主的獨子浩浩，跟我的小兒子年紀相若。我每天給他餵飯、洗澡、穿衣、陪他玩耍、哄他睡覺……統統讓我想起自己的孩子。作為「工人姐姐」，天還沒亮，我就要起床弄早餐、照顧浩浩、打掃房子、洗熨衣服、買餸做飯、洗碗執拾……一直忙到夜深。每當疲累又想家的時候，我腦海容易出現放棄的念頭。不過，最後還是咬緊牙關撐下去，因為我要給子女足夠的食物，合適的衣服，喜愛的玩具，唸好的學校，有前途的未來！

僱主只顧忙碌工作

可惜，我日以繼夜的照料浩浩，卻無法陪伴自己的孩子。我打電話回家，女兒不知是否生我的氣，語氣很冷淡；兒子連我的聲音也認不出來，更令我心碎。不管子女生病還是傷心，每逢生日、節慶等，我都不在他們身邊。每次我的僱主外出，浩浩總會問：「媽咪，你幾時返嚟？」我聽到不禁黯然神傷。轉眼浩浩已經升上五年級了，我早已習慣一手包辦他的起居飲食，接送上學，監督他做功課和溫習，甚至依照吩咐教導英語和管教行為等。浩浩的父母工作越來越繁忙，晚飯也不一定回來吃。踏進家門，只懂問兒子：「做晒功課未？」、「溫完書未？」他倆好像永遠很忙很累，周末在家裏，不是睡覺，就是用手機；卻將浩浩的時間表安排得密密麻麻，一天到晚參加各種補習班和興趣班。

孩子跟我更親近

家中安裝了監視鏡頭，我始終感到渾身不自在，浩浩亦一天比一天抗拒。有時放學後，媽媽致電回家，浩浩顯得不耐煩，敷衍兩句就掛線。其實浩浩通常有心事，只會跟我傾訴，我覺得浩浩跟我，比父母親近得多。我的僱主真傻，甚麼都花錢請別人來教，把寶貴的親子相處時間，雙手奉送給別人。而為生計而錯過孩子成長的我，就份外珍惜每晚跟子女僅有的一點溝通時間。慶幸現今視像通話方便又便宜，大大拉近我與孩子的距離，他們的笑面和聲音，帶給我工作下去的動力。

安份守己做好工作

浩浩的媽媽工作上有不如意的話，回家便亂發脾氣，呼喝、挑剔，甚或辱罵我。浩浩可能從小耳濡目染，情緒控制也很差。事實上，我跟他的媽媽有甚麼不同？我也擁有大學學歷，曾經做過專業教師；我同樣透過辛勤工作，尋求更理想的生活，希望給孩子最好的；同時難以兼顧工作與母親的角色；我何嘗不是為了幫補家計，營營役役，肩負重擔，默默承受辛酸？在我的家鄉，出國當家庭傭工的，都是「國家英雄」。我會安份守己，做好我「工人姐姐」的工作，供子女完成大學課程，儲錢回鄉退休，買地蓋房子。我的未來充滿希望，我期待跟家人共度美好生活的一天！

孩子培育　成功秘訣

荷花出版
EUGENE GROUP

熱賣推介

改變孩子一生的健康常識

每本定價69元

一學就會的強效教仔法

一學就會的
強效 **教仔法**

改變孩子一生的
**健康
常識**

快速提升
管教魔法書

快速提升管教魔法書

培育幼兒嘅寶庫

傑出孩子
**奪獎
秘訣**

傑出孩子奪獎秘訣

教養孩子
**7條
金科
玉律**

教養孩子 7 條金科玉律

7天
教你做個
成功父母

7 天教你做個成功父母

**小王子
成功術**

47 名小王子成功術

入幼稚園・小學
成功秘訣

入幼稚園・小學成功秘訣

圖解 **升小學**
一本通

圖解升小學一本通

**港爸
港媽**
教仔大作戰

港爸港媽教仔大作戰

6 小時
速教精叻兒

6 小時速教精叻兒

27 堂
教養仔女
精讀班

27 堂教養仔女精讀班

查詢熱線：2811 4522

優惠內容如有更改，不作另行通知。如有任何爭議，荷花集團將保留最終決定權。

重組家庭的挑戰

專家顧問：葉妙妍 / 註冊臨床心理學家

　　重組家庭中的孩子，大都曾經歷過父母離異的衝擊，同住的父或母再婚，孩子要重新適應家庭的轉變，同時可能令期盼父母破鏡重圓的希望落空，或擔憂父母再婚後自己會失寵——此時的父母要多諒解孩子的感受。

個案：單親家庭不容易

　　阿珊跟不負責任的前夫離婚後，一直和女兒相依為命。她選擇與父母為鄰，讓女兒有外公外婆看顧，自己日間可以安心工作。多年來阿珊母兼父職，吃力之餘，也不免空虛寂寞。對於女兒成長於破碎家庭，內心亦懷着一絲歉疚。

初時相處融洽

　　直至去年初，阿珊好不容易再覓到新戀情，更難得對方不介意她有個已升讀小學的女兒。阿珊很快安排男朋友跟女兒會面，後來大家還外出用膳、欣賞表演、去主題公園，甚至一起外遊，

其間關係融洽。當阿珊向女兒透露再婚的打算時，女兒似乎沒有異議。

起初阿珊很慶幸，終於找到可以接納自己孩子的男人，也高興能夠給女兒重建一個完整的家庭。她期待再婚後，有另一半分擔經濟和家庭事務，一同照顧和教導女兒，減輕她持家和親職的壓力。

再婚起衝突

詎料婚後不久，女兒經常半夜進來，説自己睡不着或發噩夢，硬要媽媽過去陪她睡。三個人外出時，女兒整天拖着媽媽的手，又一定要黏着她坐。

更甚的是，阿珊漸漸發現，女兒與後父根本相處不來。兩人的衝突幾乎無日無之，阿珊成了「夾心人」，非常苦惱。她的丈夫投訴女兒被寵壞：日常起居依賴成性、吃飯時揀飲擇食、個人物品亂七八糟、做功課拖延又馬虎、不聽話也不受教；另一邊廂，女兒變得越來越反叛，喜歡頂嘴，動輒發脾氣，學業成績也退步了。

「媽媽，家裏多了個麻煩人，令大家都不開心。」

「他又不是我的親爸爸，他沒有資格管我！」

「不要再讓他接送我了，我不想向同學解釋他是誰呀！」

「媽媽，我可以搬回去跟公公婆婆住嗎？」

一切事與願違，令阿珊彷彿掉進谷底。她本來還準備跟丈夫商量，何時應該幫女兒更改姓氏呢！結婚以後，阿珊不單完全感受不到新婚的甜蜜，甚至暗自擔憂，這段婚姻隱藏着危機。

宜從鞏固婚姻關係開始

親父母和繼父母的角色不易分清，孩子對親父母也會出現效忠的問題。如果還有同住的繼兄弟姊妹，分開了的父母爭拗持續等，情況可以更複雜。

順利過渡的重組家庭，宜從鞏固婚姻關係開始：切忌只顧孩子，忙着做父母，忽略了伴侶。若夫妻相處融洽，維繫家庭有默契，自然讓孩子有安全感。至於孩子與繼父母的關係，需時間慢慢適應和磨合，不能操之過急。親父母可以暫時在管教方面扮演積極的角色，而繼父母則集中建立親子關係，令繼子女接受及信任自己。假以時日，一家人和諧共處，可望水到渠成。

婚姻破裂稚子何辜

專家顧問：葉妙妍 / 註冊臨床心理學家

　　一個完整、健康和愉快的家庭，對孩子影響甚大。當夫妻關係破裂，發生爭吵，甚至是家暴，對小朋友的人生價值觀會帶來很嚴重的影響。除了影響孩子日後在兩性方面的相處之外，還會引發他們的抑鬱症狀。

中港兩地婚姻起裂痕

　　十二歲的豪仔隨父親來香港見臨床心理學家，因為父母婚姻出現問題，去年還發生過家暴。

　　豪仔自小在深圳居住，他的母親來自四川，父親是香港人，但長時間在上海經商，只有節日假期才會一家團聚。以往父親每晚都會用QQ或視頻跟豪仔聯絡，但兒子自從沉迷網絡遊戲後，便不願跟父親多談。加上豪仔近年體重不斷暴升，父親逼他每天早起游泳，令豪仔對父親更是抗拒。

美國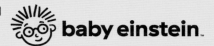
baby einstein.

啟發寶寶
感官發展
Inspiring sensory development for Babies

360°

四合一多功能學行車
Around We Grow 4-in-1 Discovery Center
6m+

- 3 段可調節高度的座椅，可在圍著桌子 360 度轉動
- 15 種以自然為題的玩具，訓練寶寶聽覺、視覺及觸覺

四合一遊戲墊
Kickin' Tunes Music Discovery Gym
0m+

- 4 種模式：躺著、坐下、趴著和隨身攜帶
- 70 多種聲音和活動、25 分鐘音樂及 7 件可拆式玩具

萬花筒音樂玩具
Curiosity Kaleidoscop Electronic Toy

- 擠壓手柄令圓頂發出相應顏色的光
- 用顏色點亮寶寶的好奇心！
6m+

毛毛蟲牙膠玩具
Teether Pillar Rattle Toy
3m+

- 冷凍水牙膠紓緩寶寶牙齦不適
- 毛毛蟲手柄易於抓握

立體玩具球
Bendy Ball
3m+

- 球中球造型，可作搖鈴及滾動
- 用小手指探索七彩紋理和形狀

www.kids2.com

父母關係日益惡劣

本來豪仔跟母親的關係最親密，但是大約三年前，母親開始每天外出麻雀耍樂，其後更經常遠赴濠江賭博，甚少留在家中，只把豪仔交由家傭照顧。

此後，豪仔父母的夫妻關係日趨惡劣，母親不久亦搬離住所。豪仔曾目睹父母互相謾罵、推撞和掌摑。母親有數次因失控搗毀廚房食具、把家具丟下樓去、舉起椅子敲碎玻璃；一次母親在動粗時不慎弄傷自己的手，被送到醫院去；她也曾在盛怒下威脅要放火、自殺，甚至傷害孩子……

家庭問題引發抑鬱

去年豪仔的學業成績一落千丈，父親只好替他找私人補習。一天父親接到老師來電，原來豪仔在學校被同學取笑肥胖，哭着說要跳樓。胖嘟嘟的豪仔，只懂說帶着四川口音的普通話，他甫坐下便滔滔不絕，彷彿有很多東西要向心理學家傾訴。

「從小四開始，我整個人生都顛倒了！」

「媽媽整天往外跑，不再跟我聊天、陪我玩、教導我……」

「爸爸好煩，媽媽又變得好恐怖，不如自己一個人住算了。」

「那些照顧我的阿姨，常常轉換，我又沒有朋友，我好自閉、好孤獨！」

「近來我睡不好，容易醒來，日間又累又頭痛，很想哭——你說這是憂鬱症嗎？」

聽着雙眼通紅的豪仔傾吐心事，實在教人心酸。

孩子缺乏家庭溫暖

面對家庭暴力、父母婚變或沉溺行為，孩子深受其害，卻又無能為力。豪仔失去母親的愛護與看顧，家庭的完整、溫暖和安全感，更缺乏親人及朋友支援；他只能埋首網絡遊戲以逃避煩惱，或者放縱飲食來治療傷痛。可是不但荒廢了學業，也引發抑鬱的症狀。豪仔的母親固然極需協助戒除賭癮和暴力傾向；他的父母亦可以考慮接受婚姻輔導。至於豪仔，更需要長期的輔導，回復心理健康，跟父母重建關係，把壞習慣改正過來，重新投入學校生活。豪仔的父親，計劃下學期送兒子到香港升讀中學，希望豪仔會有個新的開始。

用**物質**來衡量愛

專家顧問：葉妙妍 / 註冊臨床心理學家

　　現代社會環境經濟富庶，大部份孩子都生活在生活條件優越的中產家庭，當他們習慣了想要甚麼，便有甚麼的生活環境，很容易會變成以物質掛帥。當孩子習慣了用物質來衡量愛，所帶來的問題，實在遠超於他們感受到的快樂。

女兒的心聲

　　「我最喜歡姨丈，因為他送最多玩具給我；姑媽也不錯，我喜愛的東西，她都會買給我。」

　　「我想去美國的主題樂園玩，但爸爸竟然說去日本旅行較划算。哼！他不是說過最愛錫我嗎？」

　　「小輝最過份！上次生日會，他只給我一張手繪的生日卡，連禮物也沒有一份。」

　　「下星期是媽媽的生日，我知道她最想收到的禮物，是一個愛馬仕包包。」

　　穿着公主裙、束着孖辮的琳琳，舉起手中精巧的小錢包，在我面前搖晃着說：「這是媽媽剛買給我的，漂亮嗎？」

我想起琳琳每次來見我，她的母親總會買她一個玩具、一件小飾物，或一份文具精品……

有一天，終於有機會單獨會見琳琳的父親。

爸爸的心底話

「我太太其實很重視家庭和照顧家人，只是她每逢生日、紀念日、情人節等，一定要到高級餐廳慶祝，再送她鮮花和名貴禮物，否則她會哭訴我不再愛她。」

「每趟我出差回來，她總要收到精緻的手信；就連吵架後，也要我送禮來修補關係，僅誠懇的道歉，她可不罷休。」

「太太習慣以親友送她禮物的價值，來衡量對方有多重視她；最難接受是別人回贈的禮物，比她送的便宜──久而久之，不少朋友都疏遠她了。」

「也許是她童年時，父母都忙於工作，經常買東西給她作補償。只要她喜歡的，可謂有求必應。」

「也可能是我當初追求她的時候，送她名牌衣飾來討她歡心，讓她可以自豪地告訴別人，她有多好的男朋友──結果寵壞了她。」

「但現在有家庭負擔，奢侈的花費有時會導致超支，老實說，我越來越感到吃不消。」

物慾氾濫所帶來的問題

琳琳的父母必須覺悟到，女兒就是母親的一面鏡子。事關她在學校裏，正在用「請同學吃東西」、「送贈小禮物」等方法來結交朋友。她喜歡炫耀父母和長輩買給她的東西，自詡她有多受寵愛──其實琳琳跟同學相處很不愜意，她沒有真正的朋友。

金錢掛帥、物質至上的價值觀念，令琳琳和母親不明白，愛是可以毫無條件的。她們誤以為人與人的關係，純粹以金錢來建立和維繫，對感情亦缺乏安全感；惟有用物質來衡量別人是否真的愛自己，或有多愛自己。她們只會用金錢去表達對別人的愛，同時不懂得從相處中體會和辨別對方的感情是否真誠可靠，所以往往容易受騙。除此以外，當孩子過着奢侈的生活方式，令他們將擁有和享受視為理所當然。孩子長大了，也不會節儉和量入為出，埋下日後可能債台高築或鋌而走險的隱憂。而且感情建基於物質上，一旦財政出現問題，重要的關係也必隨之斷送。

肥佬孩子vs成功媽媽

專家顧問：葉妙妍 / 註冊臨床心理學家

天下父母，都會關心子女的學業成績，尤其是已升上高小的孩子，因升中已迫在眉睫，再加上學術程度逐漸加深，父母便對子女的考試成績更為着緊。只是，假如子女一向品行優良，惟學業成績卻是「捭車邊」，身為家長的，應如何是好？

乖巧伶俐 考試「滿江紅」

「這個學期，她考全班包尾！」

「你看，中文、英文、數學、常識、普通話……全部『肥佬』！」

媽媽一面苦笑着，一面遞給我九歲女兒婷婷的成績表——果然是「滿江紅」！

「每次考試，溫習過的，完全無法表現出來。」

「看着試卷，她好像不明白要做甚麼。」

以上是出於婷婷媽媽對她的評價。

但出現在我眼前的婷婷，束起兩條整齊的辮子，笑容可掬，

對答得體，完全是個乖巧伶俐的孩子。

　　我給她做個智能評估，她的智力發展正常，證明她基本的學習能力沒有問題。再翻看她的習作和考卷，也沒有特殊學習障礙的跡象。而且平日的功課和默書，分數都不錯。

品行優良 但成績差要「試升」

　　其實婷婷就讀的小學，已為她提供英文和數學的「補底班」，課餘她就去上主科的補習班。到了考試前夕，她會在媽媽指導下用心溫習。

　　婷婷在學習方面，可能如爸爸所言「未開竅」，也許未學懂解題，或掌握應試技巧，故此成績差強人意。

　　我細閱婷婷的成績表，原來她的品行是「A」，老師給她的評語是「知禮守規，熱心助人，能自動自覺學習」。

　　婷婷媽媽說：「她考試成績差要『試升』，我沒有責備她，因為她有用功，學習態度很好。」

　　我相信媽媽的話，記得婷婷跟我做智力測試時，也很專注、耐心和合作。

性格隨和 人際關係好

　　可幸的是，婷婷天性開朗，並沒有為了成績不理想而不開心，仍然很愛上學。想不到在學校，婷婷外向健談，有很多朋友，每個老師都喜歡她。

　　在父母眼中，婷婷是個聽教懂事和善解人意的孩子，對哥哥也愛護有加。最難得的，是婷婷跟家中菲傭的感情也很要好。有一次她懇求媽媽：「我們都可以在客廳看電視，但姐姐卻沒有電視看，她好可憐，我們可以買部電視給她嗎？」結果，她掏出僅有的零用錢，加上父母的補助，買了一台小型電視機，安裝在菲傭的房間。

　　雖然婷婷的英文和普通話實在是「有限公司」，不過遇到有需要的情況時，她會自信滿滿地講英語或普通話，對自己的不濟似乎毫不在意，令媽媽亦為之折服。

　　儘管婷婷的學業表現未如理想，但能夠培育出一個學習主動用功、循規有禮、善良自信、人見人愛的孩子，她的媽媽是成功的。而婷婷優秀的性格和人際關係，相信她將來的發展，必定無往而不利。

應陪孩子溫書嗎？

專家顧問：譚佩雲 / 親子教育工作者

　　網上流傳一則帖文：一位在職母親，為了想替就讀小三的女兒溫習以應付考試，故向公司請假但被拒；於是這位母親感到很窘迫，不知如何是好下便在網上帖文。而網友的回應大致呈「非黑即白」的兩極化，惹起了一場爭拗。

錯不了 也不是對

　　這些網友的「非黑即白」兩極化爭論，一是指讀書考試乃兒女的份內事，應交給女兒自行處理，故媽媽不應請假為女兒溫習；一是指如果母親不花時間跟女兒溫習的話，考試肯定會低分，所以即使辭職不幹，也不能讓女兒輸掉考試。

　　如果我是那位已感到很窘的媽媽，看到網民如此分裂的言論，只會更感沮喪；一則網民沒有提供即時的解決之道，另則他們的言論是錯不了，但也不對。

錯不了的責任

網民指出，讀書考試是兒女的份內事，理應由他們自行負責，這一點錯不了。然而，作為父母的，如果沒有先好好教導孩子如何溫習應付考試，孩子未能掌握溫習的方法和態度，因而考試失利，即使未必所有父母會因而大興問罪，但父母貿貿然把責任交給孩子，這仍是極為不負責任的教養。

相比我們的上一代，現代的父母在學識和見識上，都較為先進優異；再加上我們大都親身經歷大大小小的不同考試，可謂「身經百戰」，總會累積一點溫習的方法或竅門。

因此，即使是新手爸媽，也可在預備考試一事上給孩子一點意見和幫助，不應撒手不管。

要不得的態度

另有網民指出，若父母不替兒女溫習，他們的成績只會「沒有最低，只有更低」，這一點也是不對的。考試的其中一個目的，不論是校內的，還是公開考試，是考核孩子應試的實力。成績的高低，只是反映了孩子某一種能力，而不是孩子整個人的實力。如果父母只盯着分數而否定了孩子其他優點或實力的話，這是非常不幸和極壞的親子互動。另一種要不得的態度是，父母常以操練大量的習作或舊試題來為兒女溫習，一心以為多做多操練，就能熟能生巧。而且考試前大量操作式溫習，會讓孩子感到更大的壓力或厭煩，反而不利考試。

等不得的承傳

其實，與孩子一同面對或預備考試，是一個難得的傳授生活智慧的機會。少年期的孩子，正是邁向青年、自立的過渡，父母在孩子生命中的角色和位置，由最原初的領袖及中心，逐漸變為輔助及向邊緣推進。但話說回來，即使角色和位置有變，但關係和愛顧卻是不變的，否則也不會有「養兒一百歲，長憂九十九」這句老掉牙的俗語。然而，與其「長憂」，不如趁機把生命智慧傳遞給孩子。生命和生活中必經或偶遇的困難和成長歷程，都是把生命智慧承傳給孩子的好機會。就拿考試為例，既是時間管理，也是部署策略的經營。如果閣下是有宗教信仰的話，這更是練就信心、實踐信仰的好機會呢！

特殊兒童的手足

專家顧問：葉妙妍 / 註冊臨床心理學家

　　父母要照顧特殊孩子，已經心力交瘁，難免較少時間與精神，應付其他子女的需要；至於獨處和溝通的機會，更不消説了。而父母通常對正常子女的要求較高，例如期望他們性格成熟、獨立自律、懂得體恤父母的辛勞、分擔家事雜務、幫忙照顧特殊的手足……

個案：唐氏綜合症患者

　　鵬仔最不喜歡全家人一起外出，因為他的哥哥是唐氏綜合症患者：頸短、眼斜、鼻扁、舌粗……的樣子，實在惹人注目。走在街上，要裝作看不見旁人的目光，甚或指指點點，令鵬仔渾身不自在。哥哥又愛對着陌生人笑，聽到音樂即手舞足蹈；若在大庭廣眾，鵬仔更覺尷尬。有趟在公園裏，一個頑童取笑鵬仔：「你是那個『傻仔』的弟弟嗎？你是否也是『低低哋』的？」鵬仔怒不可遏，結果跟頑童大打出手。

　　媽媽老是説：「哥哥那麼不幸，你健康正常，應該感恩。」

　　「他不懂嘛！你要多讓他，不要跟他爭。」

「你應該生性，更乖、更聽話才對。」

「將來長大了，要幫爸爸媽媽照顧哥哥。」

鵬仔覺得委屈極了：

「爸爸媽媽好偏心，只知道關心哥哥，沒有人理我。」

「他們甚麼都硬要我讓他，我實在受夠了！」

「他是哥哥呀！應該他照顧我才合理！」

個案：患上肌肉萎縮症

小燕有個患上肌肉萎縮症的弟弟，活動能力較弱，步履不穩，平衡力差，容易跌倒，上落樓梯困難，不時肌肉抽筋。小燕的父母感到很欣慰，因為這個女兒，從小性格獨立又懂事，很會為人設想——她不僅接受弟弟的病患，更格外愛護和體諒他，日常主動照顧他，陪他做訓練運動，還幫忙做家務，減輕父母的負擔。

小燕知道弟弟在學校裏被孤立，打算介紹自己的朋友給他認識，讓他有多些哥哥姐姐關愛。看到弟弟不小心撞到別人或碰翻東西，小燕會代弟弟向人解釋和道歉：

「不好意思，他是無心的，他有肌肉萎縮症。」

「他自己都不想，假如我是他，心裏也不好過。」

「如果我不和他玩，就沒有人跟他玩了。」

「他好堅強，好樂觀，我喜歡我的弟弟！」

易生嫉妒和排斥心理

正常子女在自己的需求得不到滿足，家庭資源和父母注意力分配不公的待遇差別下，容易產生嫉妒和排斥特殊手足的心理。同時，正常子女會憂慮朋友、同學、老師等如何看待自己有特殊手足的問題，以及應付別人不友善的態度、歧視，甚至欺凌。

站在父母的角度，家中若有其他正常孩子，無疑有助彌補生了特殊子女的失落。正常孩子能夠協助特殊手足在情緒和社交上的發展，更曉得包容他人的障礙與差異。而跟父母一同分擔照顧特殊孩子的責任，可能有助增加彼此的互動及家庭歸屬感。

父母宜一方面致力促進正常孩子對特殊手足的諒解，另一方面也要多關注正常孩子的需要，盡量抽時間多與他們建立親子關係。當他們感到父母同樣疼愛自己，自然更願意接納特殊的手足。

「細」不低頭？

專家顧問：葉妙妍 / 註冊臨床心理學家

低頭族不只是成年人的專利，機不離手的現象，早已蔓延至中學生，甚至高小學生。何時可讓子女擁有智能電話，是每個家長需面對的問題。

名人個案：謝絕手機社交媒體

美國前總統奧巴馬（Obama）夫婦，在女兒12歲時，才允許她們有自己的手機，而且只能於周末使用，在17歲前亦不准上Facebook。英國名廚奧利佛（Jamie Oliver），禁止子女使用手機和開設社交賬戶，他的長女11歲時，是班中唯一沒有手機的學生。資訊科技界巨頭的子女又如何？創立微軟的比爾·蓋茲（Bill Gates），他的四名子女，直到14歲才可有自己的手機。在家中使用電子產品的時間也要嚴格設限，用膳時不可用手機，睡眠必須充足，決不讓科技控制他們的生活。已故蘋果公司創辦人喬布斯（Steve Jobs），一家人吃飯時不會用手機，而是談論書籍、歷史或世界大事；至於公司研發的iPad（平板電腦），他的四個孩子都沒有用過，而且父母會限制他們在家使用智能產品的時間。

使用手機的風險

美國高科技領域的從業員也不例外。他們許多都是千方百計

嚴格限制子女接觸或使用電子產品，不准孩子在高中前擁有手機。不少在矽谷地區的家庭，會要求保母簽署不用手機的合約。因為他們深諳手機的運作原理和箇中害處，對屏幕上癮及妨礙孩子智力、語言、社交和體能發展的風險，加上對視力，情緒、專注力、學習興趣等各方面的影響──固然比外行人更為警惕。

不過，孩子總會用「同學都有，只有我冇」、要接收學校信息、要上網查閱資訊做作業……種種藉口，父母經不起苦苦哀求，最後還是買手機給子女。結果，該吃飯不吃飯，該睡覺不睡覺，該學習不學習；眼球片刻離不開屏幕，面對面的溝通蕩然無存；上街搭車只顧低頭看手機，險象橫生亦不自知。一旦子女迷上玩手機，父母要收回，便成為爆發衝突的導火線。

8招防染上手機癮

家長可參考以下建議，防止孩子染上手機癮：

❶ 何時給子女手機？高科技從業員及青少年輔導員的忠告：越遲越好！

❷ 灌輸正確觀念，手機是通訊聯繫工具，而非消閒娛樂的玩具。

❸ 子女需先努力達到父母的一些要求，才可以有手機，比當作節日禮物送贈更理想。

❹ 使用手機守則要先約法三章，若違反承諾或荒廢學業，父母有權取回。

❺ 如沒需要，不設上網功能，或限制上網數據，也教導孩子網絡安全意識。

❻ 協議手機在上學日及假日的使用時間，溫習和睡覺前手機可由父母保管。

❼ 「其身不正，雖令不從」，父母要樹立好榜樣，切忌在子女面前做低頭族。

❽ 平日多作親子活動，尤其戶外活動，培養陶冶性情的嗜好，減少對手機的依賴。

何時適合給孩子手機，不應僅以年齡作為標準，家長不妨同時考慮子女自我管理的成熟程度，包括自制能力和責任感。期望孩子在成長中，身心得到健康全面的發展，不受科技產品的操控。

家教之日常

專家顧問：葉妙妍 / 註冊臨床心理學家

　　這個年代，為人父母一點也不簡單──除了經濟與照顧的重擔，社會普遍對父母教養的質素，要求亦越來越高。父母不但要為孩子的行為負責，小朋友在公共場所若言行不當，遭受批評不在話下，還要冠以「港爸」、「港媽」及「怪獸家長」等污名。誠然，包容的社區氛圍、善意的提醒或許會更理想，希望父母都能意識到自己「行差踏錯」，對子女長遠帶來的影響。

情境 1：惡人先告狀

　　媽媽在店舖內忙於選購貨品，兒子隨意觸碰陳列品，又活蹦亂跳，結果撞翻了貨架，被職員指摘。

　　媽媽：「係你個貨架擺得唔好啫！」、「好彩冇整親我個仔咋，唔係可以告你㗎呀！」

　　孩子學到：小朋友在店舖裏橫衝直撞、「手多多」是沒有問題的。萬一闖禍，可以「惡人先告狀」。

情境 2：公共場所不用理人

　　在巴士上，爸爸自顧低頭看手機，兒子正忘形地打機，發出惱人的聲浪，又不時踢到前座椅背，終於有乘客表示不滿。

爸爸：「做乜話我個仔？」、「佢打機關你咩事呀？」對兒子：「人哋話你騷擾到佢喎！」 兒子：「我邊有呀？」

兒子學到：在公共場所這樣做沒有問題，不用理會他人。

情境3：冇手尾

母女在快餐店用膳，杯盤狼藉，餐桌和地上都有食物碎屑、用過的紙巾、倒瀉的飲料……鄰近食客為之側目。

媽媽：「細路仔食嘢係咁㗎啦！我都冇符㗎！」、「一陣自然會有人清理，我哋係顧客嚟㗎！」

女兒學不到：晉餐的修養，自己「有手尾」清理執拾，體諒服務員。

情境4：大聲夾惡

爸爸帶兒子去服裝部，要求更換昨天購買的褲子，店員表示「減價期間，貨品出門，恕不退換」。

爸爸：「以後唔會再幫襯呢間垃圾公司！」、「即刻叫你經理出嚟，我要投訴你，聽日唔使再返工！」

兒子學到：惡就是理，要達到目的，就要「大聲夾惡」。

情境5：不尊重別人

清潔工人推着木頭車迎面而來，媽媽高聲向兒子説：「喂！讀唔成書，第時就要做呢啲又辛苦又污糟嘅工㗎啦！」兒子學不到：尊重和感謝服務大眾的勞動工作者，以及顧及別人的感受。

情境6：為貪小便宜而撒謊

餐廳規定6歲以上兒童享用自助餐需要購票，爸爸對7歲的女兒説：「你生得矮細，又食得唔多，一陣人哋問你幾多歲，記住答5歲呀！」

女兒學到：只要瞞過別人，可以不守規矩；為貪小便宜，撒謊沒問題。

模仿父母 有樣學樣

經常會聽到家長質問孩子：「幾時學咗咁曳呀？」、「邊個教壞你㗎？」子女的言行，猶如一面鏡子，反照着父母的面目，有樣學樣，隨時「青出於藍」。所謂「學好三年，學壞三日」，如果家長從小沒有好好教導孩子是非觀念、品德修養，恐怕長大後便恨錯難返。

讓孩子在愛中成長

專家顧問：葉妙妍 / 註冊臨床心理學家

　　近代心理學家的研究，印證了父母的管教模式，對孩子成長有深遠的影響。事實上，父母的管教方式各有不同，這也成就了不同類型的孩子，擁有不同的性格、價值觀和人生，而其中就有一種恩威並施型的父母。

從成長環境中學習

　　1954年，三十歲的兩孩之母羅樂德（Dorothy Law Nolte），為南加州一份周報的家庭專欄趕稿，寫了一首詩──「孩子從成長的環境中學習」（Children Learn What They Live）。這位後來活到81歲的美國家庭治療師、家長教育家兼親子教養作家，當初從沒想過，她的詩作會廣為傳誦，被翻譯成多國語言，啟發了各地輔導和教育工作者，還成為無數父母教養子女的座右銘。詩

中蘊藏的智慧，歷久常新，至今仍為人所津津樂道：

> 在批評中成長的孩子，苛於責人
> 在敵意中成長的孩子，爭鬥心重
> 在譏諷中成長的孩子，畏首畏尾
> 在羞辱中成長的孩子，過份自責
> 在包容中成長的孩子，懂得忍耐
> 在鼓勵中成長的孩子，常懷自信
> 在稱讚中成長的孩子，學會欣賞
> 在公平中成長的孩子，富正義感
> 在安全中成長的孩子，對人信賴
> 在認許中成長的孩子，能夠自愛
> 在接納與友愛中成長的孩子，在世上找到愛

恩威並施型的父母

恩威並施型的父母，對子女有合理要求，他們訂立清晰行為準則，規矩會切實執行，子女要為自己的行為負責。另一方面，這類父母着重雙向溝通，會跟子女講道理，教他們明白管束和懲罰的原因；做家庭決定時，也重視子女的意見和感受。這些父母喜歡陪伴子女，日常多接納、鼓勵和支持他們，亦會為他們的成就而驕傲。

研究發現，恩威型的父母，有助孩子社交和情緒健康發展。他們長大後性格較開朗、獨立、有主見及自制能力，跟父母合作，對朋輩友善，也受人歡迎。而且這類孩子的學習和人際關係較易成功，成就動機更強，同時傾向懂得享受生活。

締造溫暖家庭環境

相信為人父母者，對子女都有殷切的寄望——期盼他們長大後，個性積極樂觀、自信自愛、正直善良，遇到挑戰敢於嘗試，面對困難堅忍奮鬥，經歷挫折再接再厲，努力達到理想的目標。

那麼在孩子的成長路上，父母要締造溫暖的家庭環境，多陪伴子女，重視良好的溝通，接納、體諒孩子的不足，肯定、讚賞恰當的行為和付出的努力，以具體的行動讓子女感受到父母的愛。

借馬雲來教孩子

專家顧問：葉妙妍 / 註冊臨床心理學家

　　馬雲，一個蜚聲國際的中國企業家，能夠登上福布斯全球億萬富豪榜及中國慈善榜，並榮獲福布斯終身成就獎。其實馬雲自身奮鬥的經歷，以至多場扣人心弦的演講，都不失為年輕人的啟蒙。

輸在起跑線

　　你對馬雲有多少認識呢？你試過在他成立的淘寶網購物？用他創辦的支付寶作電子支付？還是買入過阿里巴巴相關的股票做投資？

　　馬雲在第一次高考，數學只得1分，第二年重考數學考得19分，父母勸他不要再考了，父親助他找到踩三輪車給雜誌社送書的工作。到馬雲第三次參加高考，數學考得89分，才考入當地第

三、四等的杭州師範學院外語系。馬雲畢業後，被分配到杭州電子工業學院教英文，每月工資只有90元。於是他成立翻譯社，還要到廣州、義烏等地買貨轉售，始能維持下去。

習慣被拒絕

馬雲曾十次報讀哈佛大學，全部不獲取錄；他申請過工作30趟，每次都落空。與4位同學一起面試警察局的工作，他是唯一不獲聘的；和表弟一起應徵杭州賓館服務員，馬雲面試分數遠比表弟高，卻被嫌外表不討好，結果只聘請了表弟；跟朋友共24人一同申請KFC的工作，23人被錄取，僅他被拒絕——馬雲學會接受自己總是被拒絕，所以往後每當成功，他便倍感驕傲、榮幸和感恩。

樂觀自信 不會抱怨

1999年，連同馬雲的18個阿里巴巴創辦人，沒有多少才華，沒有政府背景，沒有足夠資金，18人之中有15人完全不懂電腦和網絡。他們花了3個月，都沒法向銀行借到資金，更被30多個創業投資者拒諸門外。儘管別人大潑冷水，馬雲卻胸有成竹地告訴他的團隊：「如果我們可以成功，那麼世界上80%的年輕人都可以成功！」馬雲認為成功人士時常保持樂觀，相信未來，從來不抱怨，因為機會就在人們的抱怨中，只需從這裏找出可以做甚麼，令事情變得不一樣。

堅持努力 不怕失敗

馬雲說過：「成功由很多因素造成，你努力不一定會成功，但是如果你不努力，就一定會失敗。」要比別人起得早，比別人更埋頭苦幹。同時要犯夠多的錯，跌倒了，再站起來。所有成功的企業，背後都是一大堆眼淚、委屈和挫折。馬雲曾付出的代價，犯過的錯誤，經歷的挫敗，也超乎想像。但他努力證明自己，繼續堅持下去，正如他的名言：「今天很殘酷，明天更殘酷，後天很美好，但絕大多數人死在明天晚上。」

馬雲對經典電影《阿甘正傳》情有獨鍾，每當他遇到困難，就會想起這句對白：「生命就像一盒巧克力，你永遠不會知道將會得到甚麼。」——不知道對你教導孩子有何啟發呢？

心理大師是怎樣父親

專家顧問：葉妙妍 / 註冊臨床心理學家

　　佛洛伊德——19至20世紀初聲名顯赫的奧地利猶太裔心理學家，是精神分析之父，提出潛意識、心理防衛機制、戀母情意結等劃時代理論，曾撰寫《夢的解析》等多部名著，堪稱最具影響力的心理學宗師。

成長經歷

　　佛洛伊德的父親是個羊毛商人，母親是他第三任妻子，他倆生了八個孩子。身為老大的佛洛伊德，從小得到父母偏愛，同時亦對他寄予厚望。童年時全屋只有佛洛伊德的房間有昂貴的油燈，父母甚至把妹妹的鋼琴送走，讓佛洛伊德有個安靜理想的學習環境。佛洛伊德果然不負眾望，連續六年全班考第一，他通曉八種西方語言，飽覽莎士比亞和歌德的作品，17歲便考進維也納大學醫學院。佛洛伊德在自傳中提到，受到特別鍾愛的孩子，一生都有身為征服者的感覺，藉着堅信成功的自信，往往可以導致真正的成功。

家庭生活

佛洛伊德和妻子育有六名子女，婚姻長達53年，關係平淡和諧。在他身故後，妻子曾在給朋友的信中，表達對丈夫的懷念，形容他充滿仁慈和智慧，夫婦倆從沒吵架。

儘管工作早出晚歸，重視家庭的佛洛伊德，每天無論多忙，總會回家午膳，珍惜全家聚在一起談天說地的時光。他亦很在意子女的假期和家庭旅遊，喜歡送孩子禮物，亦會為他們的病患和安危擔憂。從佛洛伊德給子女的書信中，可以看出他對孩子關懷備至——因為他相信，家庭關係、早期經驗及父母對待子女的方式，是兒童人格健康發展的關鍵。

以身作則

佛洛伊德說過：「人生最重要的，就是工作和愛……而人生最要不得的兩樣東西，就是不該拿的錢，不該要的感情。」他的身教為子女樹立了勤勞、嚴謹、自律、正直、慷慨、堅毅和熱切探求真理的好榜樣。

作為精神分析學會的會長，佛洛伊德經常參與研討會，並到各地講學。平日在診所為病人做精神分析，晚間和周日還要寫書，由39歲起，著書有24本之多。

看過佛洛伊德相片的都曉得，他向來是個打扮整潔莊重的紳士。但原來佛洛伊德任何時候都只有三件套裝、三對鞋和三套內衣。雖然佛洛伊德的診症收費不菲，可是對於有困難的病人、親友，以至學生，他都樂於提供經濟援助。

熟悉佛洛伊德的人，對他推崇敬仰，不僅是他過人的才學與睿智，對病人和善和包容，還有他忠厚的氣節，以及力排眾議的勇氣。佛洛伊德創新的理論，廣受質疑和抨擊，然而他鍥而不捨的堅持和努力，最終奠定了精神分析學派不撓的基石。

佛洛伊德的幼女安娜，也成為著名的心理學家，在兒童心理分析方面，有傑出的成就。安娜14歲就開始旁聽父親主持的研討會，閱讀父親的論文。廿多歲時因長期發噩夢，接受父親多年的精神分析治療。1938年，安娜跟父母為逃避納粹德軍，從維也納遷居倫敦，翌年父親病逝。安娜長居於父親在倫敦的房子，直至她87歲離世，房子其後成為佛洛伊德博物館。安娜自幼受父親啟蒙，跟父親感情深厚，相信是最懂得父親的人吧！

添油添醋式溝通

專家顧問：朱綽婷 / 親子教育工作者

　　「添油添醋」的說話方式，可以是一種生活情趣。以下所說的，並非是指道人長短、搬弄是非、捏造事實的那一種「添油添醋」。而是在生活中，某些已經習以為常的親子對話，只要運用少許想像，「添油添醋」，嘗試破格以另一種模式，把說話演繹表達出來。

把故事變成遊戲

　　跟學生和孩子說故事時，我很喜歡在特定的情節中，不經意地加添對話，本來是希望突出個別信息，沒想到孩子們最聽得入耳，又會牢牢記住的，正正就是這些角色間生鬼逗趣的對話。在

不知不覺間，孩子就會把故事主題都吸收消化。

　　我也試過跟孩子以肢體語言去說故事，又搔又捉又抱又吻的。在故事開始時，還規矩地排排坐的我們，很快已笑作一團；短短共四頁的書，便給我們玩了一句鐘有多。孩子興奮的情緒或許會被我煽動得過於激烈，但我們都十分肯定，大家對每天的故事時間都滿懷期待。

鬥詳盡 鬥觀察

　　跟孩子聊天，有時會特意只一味描述我所看、所聽、所嗅到的事物，目的是想考考他們到底是否知道媽媽所指的是甚麼。當然偶然也會反過來，故意裝作不明白他們的話，請他們嘗試把自己想要的東西、想做的事情、想去的地方仔細地形容，解釋的話越詳細、越清楚，媽媽便能早日幫助他們達成願望。久而久之，為了願望能早日成真，他們便不得不多留意身邊事物的特點了。

想像化解情緒

　　有話不能直說，又或是明知會講多錯多的時候，想像力的發揮，總能帶來一點突破。跟稚齡孩子解釋何謂憤怒，和憤怒會為我們帶來甚麼傷害時，假如爸媽一本正經地侃侃而談，就算花上一整天甚或再多的時間，孩子還是會聽得不明所以。反而幫他們想像當自己發脾氣時，表現多麼像頭怪獸，行為多麼嚇怕別人，對於喜愛想像的孩子來說，會更易掌握抽象的概念。

　　同樣地，爸媽也可利用想像，幫孩子設計一些自說自話的對白，例如：「我不要做怪獸！」、「我可以想想辦法。」、「我充滿正能量！」等，能夠成為幫助孩子冷靜下來的祝福句。創作這些自說自話的對白時，爸媽不必拘泥於句式語法，重要的是孩子能否掌握自說自話，幽默地作自我開解的竅門呢！

　　假如家長的技巧與時機都拿捏得宜，不但可在家中引爆無盡笑聲，更可以四兩撥千斤之靈巧，把重要的話直「說」到孩子心坎。

管教要與時並進

專家顧問：吳美嫻 / 註冊社工

　　當孩子呱呱落地的一刻，作為父母的你，是否仍記得當時對孩子的期望嗎？想他們活得快樂？聰明伶俐？善解人意？抑或是⋯⋯相信這是普遍家長的回應及心願。當我們細心留意，就會發現孩子的命名，或多或少已反映出父母對他們的期望及心願。

受社會價值觀影響

　　從筆者經驗所見，發現初為父母者，也曾作出以下的回應：「我冇咩特別期望及要求」、「最緊要佢將來唔好行差踏錯」、「佢生活得開心就可以喇」等。然而，這個看似簡單及容易達成的期望，隨着孩子成長，開始有所改變，父母的要求變得不再「簡單」及「容易達成」了。

　　究竟是甚麼原因令父母的期望「改變」呢？這確實值得我們反思。在「轉變」的一刻，沒有人知道是好或是壞。活在當下，不論父母抑或孩子，他們都無時無刻地與環境作出互動及互相影

響，我們有時也要現實地或設身處地作出相應的配合，才能回應社會的期許。因此，我們不能只把這歸咎於父母或孩子的責任。

父母的價值信念

此外，筆者發現這個「轉變」，其實從嬰孩階段已開始萌生。在不同場合及群體中，很多父母心底裏都會不期然地萌生比較，這種比較既不明顯，也不容易被察覺，但它確實對我們培育孩子時，帶來不少矛盾。久而久之，我們都會不自覺地在轉變。

隨着孩子的成長，父母會逐漸從他們身上，察看到自己的影子，這個影子既可愛又厭惡。不論好歹，父母在管教上已開始出現一些原則、信念及態度，筆者稱之為影子。這個影子卻如實地反映自己在成長過程中所堅持的東西，而這份堅持會呈現在父母的管教態度和技巧上。

孩子與父母的期望

筆者深信坊間有許多參考書籍、講座、小組及工作坊等，課程及種類之多，任由父母選擇，相信不少家長都曾經參加過。然而，有些父母仍會有以下的慨歎：「參加了很多課程，但成效好像不大。」究竟問題出在哪裏？根據筆者經驗，相信問題並非出於技巧上，乃是出於父母的影子，而管教問題只是隨着孩子長大才逐步浮現而已。父母在親子管教上會碰釘，之後雙方便會埋怨「唔明白對方」、「我同佢溝通唔到」，令夫妻關係變得不和諧及僵化。

其實，父母是需要跟隨着孩子的成長步伐而進行調校，他們還要嘗試設身處地、感同身受地了解孩子在實踐父母的影子時，所遇到的困難及感受，這才能促進大家的溝通，讓孩子配合父母的期望。

孩子會成長，父母也會成長；孩子會轉變，父母也會轉變。常言道：「變幻原是永恆」。各位父母請放心，改變不是一件稀奇事，它只是反映每個人成長的歷程，有多有少，有快有慢。無論如何，父母最重要是了解自己管教行為背後的信念和原則，並賦予恰當的態度和技巧；憑着對孩子的愛，用信心去迎接他們成長上的轉變及挑戰，相信這種反思，比閱讀不同的親子管教技巧書籍更為受用。

聚焦式管教

專家顧問：朱綽婷 / 親子教育工作者

　　若孩子的安全受到威脅，爸媽當然要先營救小朋友；反之，放手讓孩子嘗嘗苦頭，學習為自己的行為負責任，亦不失為幫助他們戒除壞習慣的良方。但在放手讓孩子承擔責任前，爸媽必須讓他們清楚明白，每個教訓的重點是甚麼。

管教要有清晰焦點

　　爸媽在教養孩子時所面對的挑戰，很少會有條不紊，按家長當下可以承受的衝擊力度，逐項由簡單至複雜，慢慢呈現眼前。更多的時候(甚至是絕大部份的時候)，孩子的搗蛋行為，總是把善意、故意，甚至惡意的動機，以及出事前後的情緒需要，還有他們的個人壞習慣等夾雜糾纏在一起，害得本已忙得團團轉的爸

媽，變得更手忙腳亂，恍如在冒險樂園玩「打地鼠」遊戲般，面對同時浮現的幾個問題，不知應先從何入手。

不過，爸媽在管教孩子的時候，必須要有一個清晰的焦點，不然，自己和孩子的視線也給混淆了。

部份vs全部

孩子打翻了醬油瓶，爸媽先不要對孩子的行為，又或是因為其大意而全面否定他們。有時，孩子搞出來的爛攤子，背後都有着一個善良的動機，可能他們想實習「自己的事自己做」，可能他們想幫媽媽分擔家務，只是小手未夠強壯，又或一時情急，令好事頓變壞事。在告訴孩子甚麼地方做錯了之前，爸媽可先肯定他們在事件中做對了的部份，讓孩子知道爸媽的眼睛是雪亮的，督責自己的過錯時，不會因此而否定自己的價值。

不做vs不會

「你怎麼都不會自動自覺！」、「你怎麼都學不會記生字的方法！」父母叱責孩子「不會」做一件事情，其實在向孩子傳遞不信任的信息，質疑他們的能力。孩子未能把生字牢記，可能是他們沒有盡力，也可能是他們已盡了力卻仍不得要領。當孩子沒有努力把該做的事情做好時，爸媽可教訓他們「這是你能力範圍內的事，但你沒有把生字記好。」相反，若孩子在顯然已盡了力的情況下，爸媽除了要欣賞他們的投入外，還要另覓跟孩子氣質相配的學習方法，以及檢視目標會否訂得太高。

數據vs印象

幫助孩子改善行為問題時，爸媽可簡單地為他們記錄進度。例如把孩子每天花在做功課、吃飯、洗澡和玩耍等各項事情的時間記錄下來，然後以這些記錄作為比較的基礎，具體客觀地幫助孩子明白，他們的生活是受到時間的限制，若他們能控制花在基本事項的時間，在此消彼長的道理下，相對地，他們玩樂嬉戲的時間便可延長了。這些記錄不但能幫助孩子改善壞習慣，同時也讓爸媽憑實情，而非憑印象去判斷孩子的進度。久而久之，爸媽也可戒掉「你常常」、「你永遠」、「你從來」等教孩子洩氣的口頭禪呢！

管不了不管了！

專家顧問：徐惠儀 / 親子教育工作者

　　的而且確，當孩子的行為態度變得乖張，父母感到難以駕馭，除了擔憂他們的成長路越走越歪之外，那種被拒絕的感覺更不好受，心中不期然浮現想撒手不管的消極情緒。

不是管不了，是氣難下

　　這時，父母最好停一停，暫時不要跟孩子糾纏，試試從另一角度拆解難題。

　　「每次跟他說話，觸及敏感的話題，如學習、上網及朋友等，總是不歡而散。我想這孩子已不受教了，更不要說管他吧！

我能夠怎樣？放棄是遲早的事。」一位家長百般無奈地說。

孩子對不停訓話的父母，總有一套迎戰的對白：「不跟你講了，你就是不明白！」、「明白啦！你好煩！」、「只有你講，你全對就是了！」、「不要再跟我來這套，收啦！」更令父母氣上心頭的是，孩子總是甚麼話也不回，便用力把房門「嘭」的一聲關上。

孩子的話帶刺，固然會令父母的心受傷，但更難下的是心中的一道氣，這個孩子不是自己從小養大的嗎？為甚麼會反過來「咬」我，失控的不只是管不了孩子，而是自己的忿怒情緒。

父母想處理忿怒的情緒，必先讓自己能夠以合宜的方法來表達怒氣，例如直接跟孩子說：「你以這樣的態度回應我，令我感到很難過。」、「我想我們不適宜再交談了，因為我很生氣。」父母應等到心中的怒火稍減，才適宜再跟孩子說話。

先自我肯定，再肯定孩子

當孩子不聽話，父母難免憂心忡忡，怕孩子將來學壞，前途堪虞。不但如此，他們更會自責，覺得自己是個不濟的父母，教子無方，充滿挫敗感。既然管不了，倒不如不管了，也就讓這個任性的孩子自食其果吧！

如果家長心裏有這樣的一個劇本，自然會足本演出；孩子越難教，父母越無能。

想改變結局，父母先要改寫心裏的對白：自己作為父母，不是無能為力，而是在孩子的反叛過渡期中，進退有時；不以高壓控制，卻適時以智慧的言語提點。孩子也絕非愚昧無知，就是表面不順從父母，心裏還是明白的。

用愛的籬笆，把孩子圈住

爭取獨立的孩子不想受父母事事規管，這並不等如沒有限制。做人處事有原則與底線的父母，必須在孩子犯錯之前，給予教導和指引，他們還是要加上一道愛的籬笆，把孩子圈在其中，才不致因為犯錯而導致彼此的關係破裂。

讓孩子知道，管教與愛是相連的。父母不是大獨裁者，而是他們的守護天使，在他們出軌之前拉其一把，又或是在他們受傷之日，予以鼓勵安慰。

你喜歡當爸媽嗎？

專家顧問：徐惠儀 / 親子教育工作者

　　我家老三可說是家中最刁鑽的一個，他每次都有新奇的問題，侍候我這個記憶已開始有點模糊的阿媽。最近老三又問我一個問題，若非他這樣一問，我已經忘記了好些事實。老三這個問題，除了成為我家的笑談之外，也牽動着我的思緒。

孩子問：「你生來就是這麼大？」

　　老三最近向我的一次提問，是這樣的：「媽媽，你生來就是這麼大的嗎？」、「嗯？為甚麼你會這麼問？」、「沒甚麼，只是好奇。婆婆怎會生到你這麼大的人？」、「嗯？你怎麼會這樣想啊？」、「那麼，你都曾經試過當嬰孩，然後像我一樣，慢慢長大？」、「當然啦！」、「那麼，我都會像你一樣，變為成人當爸爸？」、「那你喜不喜歡當爸爸？」、「這個問題很難，我可不可以不回答。」

淡忘了兒時的自己

孩子所接觸到的，永遠就是一個成人模樣的爸媽。對他們來說，父母的童年就像遠古的神話，充滿傳奇，但更重要的是，好些父母已忘記了自己曾經年幼無知！

試問怎會有人沒經歷過幼稚的孩童時期？曾幾何時，我們會無故的東怕西怕：怕黑、怕孤獨、怕苦悶、怕打針、怕吃藥......也曾試過默書不合格、考試失手名次跌落谷底、參加比賽總是敬陪末座......曾希望父母會安慰心在打顫的我們，期求父母不會因一次默書不合格就嫌棄我們，奢想父母會給我們從谷底反彈的機會，在得不到獎項時卻得到父母的鼓勵......

只是，當我們身為父母時，卻忘記了兒時的自己。現在，我們竟因為孩子得不到獎項就認定他們是失敗者；偶爾考試失手就前途盡毀；默書不合格就是世界末日；孩子怕這怕那就一定不成材！每個人都曾經試過當嬰孩，然後慢慢長大，當孩子做了不該做的錯事，犯了不該犯的錯時，在責備或糾正前，家長應好好自忖思量一番，我們年少時是否也曾這樣？當時，我們期望爸媽怎麼辦？然後才處理孩子的問題。或許，這可消弭不少親子間的衝突和矛盾。

反省為人父母心態

你曾否想過這麼一道問題：「你喜不喜歡當爸媽？」記得有一位朋友曾告訴我：「我長大後一定不會像我那個惹人厭煩的老爸，嘮嘮叨叨的。」但某天跟他的孩子閒聊，同一番說話竟再度入耳！喜歡做某一件事，不一定等於會成功，但最少我們會是樂在其中，當父母都是一樣。

與其把孩子的行為、情緒或管教問題都往孩子頭上堆，倒不如反問自己一句：「你喜不喜歡當爸媽？」假如答案是正面的話，那麼再大的難題，都可以找到解決的方法。答案是反面的話，就應該好好反省為人父母的心態，因為錯誤的態度，只會衍生錯誤的行為，錯誤的行為最後只會引發錯誤的結果。

養育仔女似鬥風箏

專家顧問：譚佩雲 / 親子教育工作者

　　假若你曾看過《追風箏的孩子》這本書，我相信你會明白甚麼是鬥風箏。想在鬥風箏比賽中勝出，就得在事前作好準備。由製作風箏，到最重要的撚線，這步驟往往是成敗的關鍵。讓人遺憾的是，現時的父母或多或少都以鬥風箏的態度來養育子女。

鬥風箏如名譽戰

　　鬥風箏其實是一場起喜落烙的名譽生死戰。風箏能繼續高飛起舞的，當然歡喜；但萬一自己的風箏墜落，風箏主就像受炮烙之刑的人般，非但痛苦萬分（因為風箏給人家剁斷，也就是宣告死亡出局），而且更會氣得面紅耳熱（因為戰具的風箏已斷了線，風箏主就得追逐無定向飛揚的風箏，期望能拾回來，否則痛失戰具的話，就是雙重損失），此情此景，確與遭受炮烙之刑的人沒有兩樣。在進行比賽前，風箏主會在風箏線上，塗抹一層玻璃膠漿，讓平凡的棉線成為有特殊韌力和殺傷力的玻璃線，這樣，便可以在風箏角力賽上，能有機會剁斷別人的風箏線。所以，在鬥風箏一事上，風箏不是最重要的戰具，最重要的戰具其

實是風箏主手中的線。當然，風箏主最重要的，還是想揚「箏」立萬！

未出生已開始籌措

孩子還未出生，父母已在計算。由高科技的優生學開始，到最簡單的「數」月份，這種自家製作、品質保證，甚至是出產日期能否符合父母的心意計算，讓孩子還未來到世界，便已成為父母手中的戰具。孩子出生了，父母更是籌措。他們想找最好的學校、上有利學途的才藝班、遷居至名校區已成為指定動作。自選動作就得看看父母有多少資本，資金雄厚的，當然可選擇的也會更多。而這一切籌算，也就像風箏主的撚製玻璃線，目的只有一個，就是把別人剐下來，揚名立萬！

考好學校如豐功偉績

每逢到了「放榜」的季節，我總會聽到以下的對話：
「孩子派了去哪間學校？」總有人煞有介事、極為關心似的問。
「啊，就是第一志願那間。」又總有人毫不在乎、極為氣定神閒的答。
「啊！那麼難入到的學校都給你考上！」總有人恭賀新禧似的恭賀。
「啊，不是甚麼啦！」又總有人難掩暗喜的興奮。
「那麼難入到的學校都給父母考上」，是父母的計算和籌措的成功，而非孩子的努力。因為孩子根本只是一具戰具，是父母用以炫耀自己努力的戰具，就像那仍可飛揚的風箏，是父母用來為自己添上一筆成功偉業的記號，真可悲！

享受飛翔的樂趣

放風箏本身是一件樂事，但由放演變成鬥，則由好事變壞事。為仍未懂事的孩子作升學選擇屬父母的責任，本來也是無可厚非；但不知從何時起，孩子升學卻成為父母間競爭和炫耀的事情，甚至成為父母用來自貼面光的業績。

甚麼時候，作父母的才會明白，讓風箏簡簡單單的享受飛揚的樂趣，而不是好勇鬥狠的把風箏置於拼個你死我活的殘酷天空？

性格巨星要打壓？

專家顧問：范雪妍 / 註冊社工

　　孩子年幼時對父母言聽計從，但升上小學後卻一言九「頂」？「前青春期」的孩子開始喜歡挑戰界限，行事為人不再對父母言聽計從，而是按自己的喜好行先，變得倔強不已。作為父母，是否應打壓這班日漸長大的「性格巨星」？

屈從vs認同

　　令父母為之氣結的，是「性格巨星」熟知你的死穴，若父母堅決「軍令如山」，他們就瞄準你的痛處出言不遜、拼死哭鬧，務求把你氣得死去活來。歸根究柢，孩子的頂撞源於他們渴望被聆聽、被了解；但父母因為不想孩子碰釘，一般都會作出善意的提醒。顯然，親子雙方都有溝通動機，只是各說各話，並認定道

理是站在自己一方，他們也想對方聆聽自己的說話，反激起親子間的惡鬥連場。

　　很多父母的出發點是「為你好」；但於孩子眼中，卻往往被錯認為「一言堂」。孩子永遠接收不到「為我好」的好，究竟在哪兒，他們只感到父母並不想了解自己。這時候，請父母反思一下，他們於日常生活中，是否跟孩子真正的有商有量？還是命令式的「我說你聽」？孩子於威迫下的「聽話」只是屈從，若真的希望孩子把你千錘百煉的人生叮囑刻在心上，家長還是應該透過引導，讓孩子學懂表達自己，互相分享，讓他們心服口服地認同你的主張。

聽話vs獨立

　　作為父母，你是否想過孩子倔強、好爭辯的另一面，正是意志堅定和具有判斷力的表現嗎？孩子日漸長大，縱使身心仍未成熟，但他們已懂得運用自己的能力來處理問題。正因如此，親子爭論時，家長大喝一句：「收聲！」，或可一時間把「性格巨星」震懾；但於高壓環境下，亦可能培養出孩子對權威不假思索的絕對服從。或許父母會認為，孩子聽話服從有甚麼不妥當？但請你想想，孩子於這種氣氛下成長，他們只會跟從權威的說話做事，也沒有能力、無從判斷指示的好與壞，孩子長大後面對人生中的波瀾，很容易會顯得一籌莫展，他們對新環境會欠缺適應及應變能力。家長可設想一下，孩子沒有權威在旁指手畫腳，他們便沒有賴以憑藉的依據，日後便不懂得自己做決定了。

溝通與下放權力

　　如果能從小透過溝通，讓孩子學習如何顧及自己的感受之餘，亦能照顧別人的感受，倔強孩子的考慮層面將會更加擴闊。藉着父母的耐心說明和討論，孩子可更明白父母的意思，亦能從小建立其分辨對錯、好壞的依據。

　　父母逐漸下放權力，讓孩子有機會下決定，還有機會為自己所決定的事情而負責任，從中培養出責任感。父母不能永遠守護在孩子身旁，為其出謀劃策；當孩子漸漸長大，家長要懂得放手，信任孩子。只要家長引導得宜，倔強的「性格巨星」都可被打造成堅定的領導人才。家長應記着，我們要成為孩子的靠山，而不是壓於孩子頂的「泰山」。

完成父母夢想?

專家顧問：譚佩雲 / 親子教育工作者

聽從與孝敬其實是兩回事。聽從是要求以行動作回應，而孝敬則是以愛心作回應，兩者不應混為一談之餘，而父母更不應要求子女以「絕對聽從」來作為孝敬的指標。究竟如何平衡孝敬和完成父母夢想兩者呢？

人生只為圓滿父母夢想？

某天在銀行等待櫃台服務時，偶爾聽到站在身後兩位男士的閒聊：「恭喜你啦！阿仔終於大學畢業啦！」、「是碩士畢業。」、「你兩老終於可以放心啦！」、「放心？阿仔話：『我終於完成了你兩老的期望！畢業之後，我不會找工作，你兩個要繼續供養我，好報答我為了完成你們二人的夢想！』死未！」

我藉由銀行的反光裝置，看見那位頭髮已花白的老伯，為了要繼續供養他那位已獲取碩士學歷的兒子，而不停地按動股價機，追看股價。

我不知那位老伯所言是虛是實，但對比香港所發生的倫理兇案，這位要求父母繼續供養他的碩士兒子，其手法相對地比較「仁慈」和「文明」。但其實他們的內心，都是同樣的教我感到

不安。或許有為人子女的會提出異議，説他們年少時常受父母逼迫，被迫學這、學那，又禁止做這、做那，完全沒有自由，彷彿人生在世，就是為了圓滿父母的夢想。

孝敬父母 理所當然

無論你是否任何宗教信仰的信徒，相信都會同意孝順父母，使他們頤養天年，是為人子女的基本孝道；即或因為個人能力所限，未必所有人都可讓父母豐衣足食，但孝敬的心，可説是為人子女應有的義（除了對那些虐兒的父母），只是孝敬不等於盲目的聽從父母。聖經提醒作為兒女的是「要在主裏聽從父母」，換句話説，子女在聽從父母之先，是需要以另一個準則作參考衡量，而非盲目聽從；這做法即使在沒有任何信仰的人而言，都是可行的。所謂另一個準則，就如：師長的教導、法律的規定、社會的道德規範等都是。當父母的要求逾越了這些更高的準則時，子女便應該選擇不盲目聽從。

愛護兒女 義無反顧

事實上，現時確實有不少父母是按着個人的意願來考慮子女的前路。例如我們常見很多父母為子女選學校時，並沒有考慮孩子的能力、性情是否與所選學校相配，而是以學校的名聲、升學出路作選校指標。到了孩子將進入高中或大學時，也有不少父母不斷的「游説」孩子選擇父母心繫的學科，以很多「理由」説服孩子，結果就像那位老伯的兒子般，孩子是「完成了父母的夢想」，但孩子自己的夢想呢？

性格極端的，可能就會做出令人難以想像的惡事。但即使性格沒有那麼極端的，若父母處處以孩子來圓滿個人夢想的話，那麼孩子跟父母根本就沒有感情可言。早前，有位朋友的孩子已大學畢業，友人一心興高采烈的預備參加孩子的畢業禮，但孩子就在畢業禮前一天企圖自殺，且留下一張紙給友人，紙上寫着：「你要求我做的，我都做到了，現在是做回我自己的時候：我要回我自己的人生！」我相信，沒有任何一位父母希望收到孩子留下這麼的一張紙給你們吧！家家有本難唸的經，每個家庭都有自身的局限，但父母過於操縱，事事插手及安排，不讓孩子擁有個人的空間和夢想；又或是過於放縱，任由孩子胡作非為也不加教導，其實都不是理想的教仔方法。

難為了爸爸？

專家顧問：譚佩雲 / 親子教育工作者

　　寫這篇稿件時，正是四年一度世界盃開賽的日子。這個萬眾期待的球壇盛事，掩蓋了每年一度的父親節。坊間已常言，父親節的氣氛總不及母親節，所以，爸爸總是給比下去。

爸爸不及睇波吸引？

　　在世界盃舉行期間，不少香港球迷都會緊盯着一些熱門賽事，若期盼與父親早晨品茗為慶祝的話，可能要有所選擇：選擇一是找一間能收看直播球賽的酒樓或食肆；選擇二是把品茗改在家中，或是把品茗改為中午飯。每年一度的父親節，如今遇上四年一度的盛事，讓焦點竟落在世界盃上，真的難為了爸爸！

新世代、新爸爸

　　難為了爸爸的，何止遇上世界盃這個「勁敵」！過去，當爸爸的只要努力工作，賺錢養活一家就已經是標準好男。假若沒有任何不良嗜好的話，那簡直是一代好男！但現在卻不然。除了上

述這一切條件外，還要長得「型、英、帥」，而早前在網路上流傳一篇名為「當新媽標準」的文章，臚列了標準新媽的十八般「了得」，但這何嘗不是新爸標準呢？文章首末兩句：「下得了菜場，上得了課堂；掙得了學費，付得了消費」相信道盡了不少爸爸的艱辛。

現代爸爸更要懂得溝通：和妻子溝通、和孩子溝通，外剛內柔，缺一不可；爸爸甚至要懂得理財，把家中經濟處理得當，讓家人生活無憂。只是從沒有人想過爸爸是否應付得來？一味的要求，卻從不想是否有點苛求？

窮爸爸、窮巴巴

然而，爸爸卻以沉默回應這些即使有點苛求的要求，努力扮演現代爸爸的角色，努力維繫家庭的和諧。只是，就連爸爸自己也沒料到，原來自己只不過是個「人」，而不是「超人」；但遺憾的是，很多爸爸都認為自己是「超人」！

每年父親節都會有不少傳媒隨街抽樣，找些小朋友說說今天如何慶祝，或是問問小朋友送了甚麼給爸爸。那些回答都似乎千篇一律的，不外是送花、送卡或是一起品早茶。但如果稍微留心父親節禮品廣告的話，總會發現父親節禮物廣告中，較為多些與身體有關的產品，如保健食品、身體檢查等。這其實是與爸爸常逞強、常以「超人」自居的性情有關。

爸爸慣於辭窮，慣於少說話，更慣於把自己收起來，即使有甚麼問題，都慣於收起來自己處理，即使其實是不懂得處理，也鮮向別人提起，更遑論請教！於是成為名副其實的窮爸爸——少友人、少資源的孤家寡人。

早前大熱的名人爸爸真人秀，藉由爸爸與兒女出遊的獨處情節，美其名是看看爸爸與兒女的互動，說穿了不就是想看到名人爸爸的窮酸相？其實，每一位爸爸都有自己的品性，也有自己的特質，總不能活在別人的標準下。只要以真心愛護家人、以真誠活出自己，就是好爸爸！何必硬要難為了爸爸呢？

後記：爸爸，你係得嘅！

今年父親節，因為爸爸已安然返回天家，所以不能和他共度，故謹以此文紀念老父，並向天下每位父親打氣加油：「爸爸，你係得嘅！」

為孩子可去幾盡？

專家顧問：朱綽婷 / 親子教育工作者

爸媽們為了孩子可以義無反顧的付出心血和時間，相信一定會頭也不回的「有幾盡，去幾盡」；那麼這條問題的焦點，就變成到底爸媽應在哪些範疇裏，可以再「去盡一點」了。

以身作則的決心

早年網上熱玩一句電影對白：「為了ＸＸ，你可以去得幾盡？」留白的地方，有人保留原作的「理想」，呼喚同路人繼續排除萬難追夢逐想；有人填上時事焦點的人和物，嬉笑怒罵一番；也有人填上減肥收身、吃喝玩樂等輕輕鬆鬆的生活話題，跟朋友嘻嘻哈哈開個玩笑。但假如留白的地方換作「孩子」，這條問題又會引來甚麼回應？

我們有很多道理、哲理，都希望教授、傳遞給孩子，然而，任憑我們的口才再好，能把這些觀念深入淺出，生動有趣的逐一向孩子解說，但他們會聽過，便算了。真正教孩子把「信念」潛

移默化的，卻是我們的一舉一動一言一行。我們教孩子要幫助別人，但當有需要的人跟我們擦身而過時，我們竟視而不見；我們教孩子要尊敬長輩，但當老人家嘗試跟我們閒話家常時，寫在我們臉上的盡是不耐煩；我們教孩子要遵守規則，但卻不依交通指示橫過馬路。看在孩子眼中，這些「身教」才是陪伴他們成長的參考。

「手口一致」的身教需要我們狠下決心，先把自己的壞習慣改掉。孩子需要明白世上沒有完美的父母，但他們更需要看見父母有改變的決心，否則我們的教誨，只會變成孩子的「耳邊風」，他們絕不會聽進心坎裏的。

因材施教的決心

因材施教的信念，鼓勵爸媽發掘孩子的專長並加以培育，同時間也意味着孩子的發展，不一定需要，也不一定會，更不一定能跟着大洪流走。當別的孩子在母腹中已經朝着十項全能的方向被培訓的時候，堅持孩子按着生命的天賦周期去培育，步伐會否慢得教爸媽變得鬱躁？更甚者，當精算師爸爸遇上不喜歡數字而獨愛文字的藝術型孩子，當活字典媽媽遇上用盡方法也不能把別字分辨的孩子時，爸媽便要調撥自己的期望，放手讓孩子另闢蹊徑，走一條完全屬於他們個人步調，配合他們專長和興趣的新路去成長，若沒有跨越洪流的篤定意志，相信難抵逆流而行的千噸衝力。

愛孩子到底的決心

愛，很感性，但有時也很講求意志。特別當孩子的能力不如爸媽的預期，當孩子的行為不但令爸媽感到尷尬，還教爸媽丟臉於人前時，就不得不運用意志，把孩子這個人跟他的行為分開來處理，孩子需要為自己的頑劣行為承擔後果，但卻絕不會因為需要修正的行為而失去爸媽的愛。意志讓爸媽的愛變得堅定，保護父母與孩子之間的關係，不會因一時的怒氣而烙下難以撫平的傷痕。

只要爸媽心中有優次輕重之分，手中有清晰的藍圖可跟，加上愛孩子到底的堅定信心，竭盡一切為孩子付出的決心和意志，自然會得到最大的發揮空間，免得我們與孩子，因為盲目而去得太盡，弄至身心疲憊、焦頭爛額。

説不出的愛

專家顧問：譚佩雲 / 親子教育工作者

　　網路上流傳一段相信是來自台灣的短片，老師趁着母親節，鼓勵一班高小學生，以老師的手機向他們的媽媽説句：「媽媽，我愛你」。作為一個三孩之母，我看過短片後，卻有另一番體會，與其説是感動，倒不如説是感慨。

難以啟齒的愛

　　短片的標題是：最感人母親節。在短片副題更標明：「衛生紙準備好，100%噴淚」；而短片下面的留言大多是説這段短片很感人，或是説愛要及時、要把愛説出口等。短片內的學生，大部份在説出「媽媽，我愛你」時，總是帶着淚的，甚至在一位小女孩面前，更放了一盒紙巾，紙巾盒周遭是一堆又一堆的紙巾團。雖然這些紙巾團未必全是來自那位小女孩，但很明顯，無論是她，或是她的同學，當望着手機，向手機另一端的媽媽説出那句「媽媽，我愛你」時，內心都是激動莫名的。

最經典的，莫過於一位小男孩在向媽媽説話時的情境。鏡頭下的他，一邊拭淚，一邊鼓起其餘勇，努力地想從口中擠出那句話。最初，他恍似是不着邊際的東説西説：問媽媽忙嗎？他甚至説不打擾媽媽，只是説着這些不對題的東西時，他已經哭得經常以手掩眼。最後，他終於説出「媽媽，我愛你」這句話。

看着這場面，我的心真的下墮。我不知道學生跟他們媽媽的關係，但叫我感難過的是，他們只是面對手機向媽媽説句：「媽媽，我愛你」，竟是如此困難、百感交集。我不禁想問：是甚麼讓我們的孩子把愛收藏起來？為甚麼愛總是那麼「難以啟齒」？

受不了的愛

整個短片就是有不同學生向媽媽説：「媽媽，我愛你」，以及在手機另一端的媽媽的回應。

大部份媽媽都是以「我都愛你」來回應；但亦有心事細如塵的媽媽會問孩子是否發生了甚麼事；只是，媽媽的回應都比較平淡，甚至有點敷衍。上述提及的那位男孩，當他向媽媽説出那句話時，想不到媽媽竟回應一句：「你是不是有病？」

另一位男孩想向媽媽説那句愛的説話時，因為是用老師的個人手機，所以當媽媽知道來電人不是老師而是自己的孩子時，便語帶不歡地質問孩子，為甚麼會以老師的手機來電？是不是在校闖了禍；孩子在另一端説出「媽媽，我愛你」，豈料媽媽卻回一句：「唉唷，好噁心啊！」最後，媽媽仍是有點不相信孩子的來電只是想説句愛言，還是追問：「幹嗎！又被處罰了嗎？」

不知道那兩位母親如果看見這段短片時會有甚麼感受，作為旁觀的我，卻説不出甚麼來，因為我想不到媽媽的回應竟是如此冷淡，甚至是冷漠。為甚麼我們會質疑孩子真誠的愛？為甚麼我們抗拒接受孩子的愛？為甚麼愛又總是叫人「難以承受」？

未完全的愛

我們常以買來的東西，或以美食，或是以金錢來表達對孩子的愛，只是我們卻從不親口向孩子説「我愛你」。於是，孩子便學會這一套，用盡百般方式來表達他們對我們的愛，卻把「媽媽，我愛你」這句話藏於心底。當孩子要親口説出這句話時，才發覺愛竟是如此的難以啟齒，是因為不習慣？不想説？還是因為我們都在害怕？但願天下父母與他們的孩子都能享受完的愛。

學習給自己掌聲

專家顧問：譚佩雲 / 親子教育工作者

現代親子教育強調父母需給予孩子鼓勵和肯定，這基於過往的親子關係多繫於管教。於是，現時提倡父母應以欣賞和讚賞角度與孩子相處。只是有些父母事無大小，都以極誇張的言辭來讚賞孩子。

沒掌聲便代表失敗？

某天，我與家中老三在回家途上，本是談天說地的閒聊，但說着說着，老三竟然問：

「如果人生沒有掌聲，是不是失敗？」

「嗯？」

「我是說，如果人生中沒有別人給的掌聲，是不是失敗？」

「怎麼沒掌聲就是失敗？」

「因為沒有別人欣賞！」

「別人的欣賞對你來說重要嗎？」

「又不能說很重要，但都不能說不重要⋯⋯我都希望別人欣賞我嘛！」

「哦！」

「那麼，你欣賞我哪些呢？」

掌聲不是必然的

還記得自己兒時，第一次拿着考得全班第一名的成績表回家給媽媽看，她看了良久，然後淡淡然說：「下次再努力。」等到爸爸放工回家，再拿給他看，爸爸沒說任何話，只在家長簽署一欄上簽了字，然後遞還給我。年幼的我經此一役後便知道，原來人生是如此，掌聲並不是必然的。

我沒有恨父母沒給自己任何讚賞，相反我感謝他們教懂了我一件事：努力讀書就是我的本份。做好本份，是應該的，而不是為了博取讚賞而做好自己。但現在很多孩子和父母似乎把這道理搞亂了。孩子有便便，就得大事宣揚，甚至上載到網絡與人分享。孩子只是完成個人的本份，甚至有些更是生理常規的小事，但父母就已經高興得有點失常，把孩子這些尋常瑣碎小事看成是極大的成就，不遍傳天下不可的；再加上現代互聯網這科技，於是只是寫字寫得較像樣，就已經「貼」滿網板！孩子習慣了事無大小都例必獲得隆隆掌聲，試問習慣了在掌聲中生活的孩子，又怎能承受沒掌聲的時刻？

掌聲不是全對的

另一方面，孩子若經常受到不成比例的掌聲的話，他們對讚賞或實質的讚賞禮品的要求便自然地提高；於是，他們會看輕「物輕情義重」的道理，必須得着「重賞」才肯罷休。結果，孩子和父母都活在讚賞的魔掌之下，成為讚賞的奴隸。現代生活，因着網路上眾多社交網絡，於是衍生出又一個與讚賞有關的問題，就是「讚！」（Like！）。曾有年輕人因得不到網友的「讚！」而自殺，可想而知，胡亂的讚賞所引發的禍害之深。

我當然反對父母胡亂讚賞孩子，但同時，我不認同不欣賞孩子、不肯定孩子的做法，只是，為父母的必須拿捏箇中的分寸；而我個人認為，我們更應教授孩子的是：如何在沒掌聲之下處之泰然，懂得自我欣賞，自我肯定。

回答老三最後一個問題：「我欣賞所有你曾付出過的努力和嘗試。其實，有沒有別人的掌聲還是小事，你自己是否欣賞、給自己掌聲才更重要！」

講鼓勵說話要慎言

專家顧問：朱綽婷 / 親子教育工作者

　　當孩子踏入高小以後，每次提起他們的情緒和行為問題，總有家長侃侃而談鼓勵孩子振作的理論與方法。然而，縱使這些建議在坊間已流行好一段時間，家長對箇中竅門亦頗為熟悉，但實際在運用時，成效卻不一而足。

讚美太多 出了問題

　　在運用鼓勵孩子振作的理論和方法時，令家長洩氣的經驗居多，到底問題出現在哪裏？

　　有爸爸每天努力找機會讚兒子「叻」；直至有次，兒子捧着默書簿不明所以的反問爸爸：「我默書只是僅僅合格，不明白我『叻』在哪裏？」。有位媽媽經常在女兒面前稱讚另一位同學；

直至一天女兒説：「看！媽媽最愛的同學在那兒呢！」這位媽媽才驚覺，自己正在女兒跟同學之間，翻起酸溜溜的醋浪。也有家長習慣見到小朋友就大讚對方的外表，開場白説多了，小朋友也就習慣以讚美話的多寡，去衡量自己所得到的愛有多少，更令自己在打扮方面徒添壓力，一方面希望贏得讚美，同時又擔心自己被別的同學取笑。

鼓勵説話 要説得合宜

合宜的鼓勵説話，當然能推動孩子進步，但一句説話到底講得合宜或不合宜，則視乎作為家長的我們，是否清楚説話背後所傳遞的信息，又能否貫徹慎言的做法，把空泛令孩子茫然不知自己能力所在的説話、拿孩子跟別人比較把嫉妒種於孩子心中的説話，以及令孩子失焦把自我價值押注於虛浮事物的説話……都一一篩掉，這樣，讚美的話才能真正發揮鼓勵的效用。

以謹慎態度 讚美孩子

換句話説，面對曾付出努力溫習卻仍僅僅合格的孩子，家長在具體地對他們的努力表達欣賞的同時，也要協助孩子摸索適合他們的溫習方法和步驟。譬如在讚賞孩子的同學之前，應先肯定孩子的獨特之處，更要時常肯定自己對孩子的愛，免得孩子誤以為同學奪去了爸媽的關愛。

至於類似「噢！你今天好可愛/醒目/漂亮，所以我好喜歡你。」等寒暄的話，少説一句，就是對孩子多一分保護，免得把孩子的自我觀扭曲於無形，更免於把孩子置於招人妒忌的境地呢！

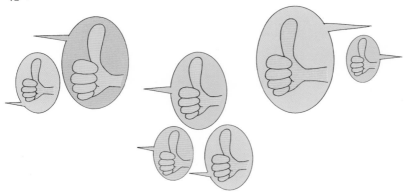

讓孩子放輕鬆點

專家顧問：徐惠儀 / 親子教育工作者

　　有調查發現，近一成二初小學生的焦慮水平過高，約有百分之八的學生患有輕度至中度的抑鬱情緒病。以全港二十多萬初小學童推算，即有近二萬九千名學童患有高度焦慮，情況不容忽視。

減少操控增加空間

　　過度焦慮的孩子，無論身體或情緒都會出現各種症狀，例如經常頭痛、胃痛及肚瀉等，卻找不到病因；而在心理方面則容易表現出過份的精神緊張，不切實際地擔心自己的學業或社交表現，他們容易煩躁、發脾氣、失眠、拒絕上學，甚至自殘身體等。

除了留意識別孩子是否患有焦慮表現外，家長更需要檢視孩子的生活現況，提升他們的抵抗焦慮情緒能力。

過份焦慮的家長，教養孩子的方式自然會採取更多的操控模式，從小孩子便體驗到「錯不得」的壓力，例如初學寫字時不斷被擦改，考試應該以拿滿分為目標，九十五分仍是不夠好，八十五分更令人失望。

年幼的孩子表現溫順，對父母的嚴苛要求沒有反抗能力，卻產生了緊張焦慮的情緒而不自知，由於學習的成就感偏低，漸漸表現出缺乏自信、退縮，對人和事都會多疑多慮。

按着孩子的學習能力，除適當的指導外，家長還需給予他們自主的空間，例如孩子可以選擇減少做補充練習，而自訂學習的目標，並制訂溫習、課外活動的時間表，有個人的休閒時間，也有一家人的娛樂活動。

離開溫室面對現實

萬千寵愛在一身的「溫室小花」，自小生活在家人的庇護之下，不但習慣了飯來張口，還經常受到父母的遷就和讚賞，事事順心，甚少遭遇嘲笑批評。一旦轉換了新環境，如升班轉校，並遇上同學的排斥、老師的薄責，又或考試成績稍有不如意，焦慮感便會大增，情緒受困。

自尊心強，又自視過高的孩子，需要學會重新評估自己，家長需要予以合宜的安慰及鼓勵，讓孩子學會解決問題，應對人際處境，提升抗逆力，而不是教孩子漠視現實，逃離現場，又或替孩子強出頭，到學校投訴。

自在父母輕鬆孩子

情緒有高度的感染力，若家長自身缺乏安全感，事事都緊張兮兮的，還不停唬嚇孩子：「這個世界壞人很多，除了爸媽，千萬不要信任任何人。」、「若不加倍努力讀書，將來肯定要討飯吃。」、「這次考試很重要，考得不好，便進不了好的中學。」、「你知道爸媽有多緊張，你還不加把勁？」日子一久，孩子心裏埋藏着的焦慮種子，終必會發芽，展現出不安的情緒。

不要把對孩子的期許變成一種大家都承擔不了的壓力，想孩子輕鬆點應付學習的挑戰，家長先要學會放下不必要的憂慮。

跟孩子做friend

專家顧問：徐惠儀 / 親子教育工作者

　　過度放縱與極端操控的親子關係，都是青春期孩子成長的障礙。想跟孩子做朋友，父母需理解箇中的實質意義。跟孩子做朋友，父母不需要怕地位不保，也不需要改頭換面，失去自我。在孩子芸芸朋友中，父母永遠有特別的位置。

放下身段vs不甘屈就

　　常聽說孩子漸漸長大，父母便不能以高壓權威的姿態去管束他們，最好是跟孩子做朋友，這樣就會減少不少親子間的衝突，孩子更會跟父母交心，把心中的喜惡與父母分享。

　　於是便有父母決定放下身段，變成孩子的朋友，事事跟他們

商量，更不敢訓斥孩子的錯失。也有父母不甘屈就，把持着尊卑上下的傳統，繼續與孩子保持距離，對反叛孩子施加更強硬的禁制。

同行而不同流

父母畢竟是長輩，論年齡不能算是孩子的同儕。不要以為做朋友，就等於變成對方一樣的人，例如：衣着打扮變青春，模仿年輕人的「潮語」，這只會變得不倫不類，給孩子取笑，自貶身價。

朋友關係的建立在於認識與了解，父母可認識更多這世代年輕人的表現和需要，間中的參與亦無妨，例如：嘗試玩智能電話遊戲，了解其中的吸引之處；當然也要小心自己定力不夠，墮入沉迷陷阱。

能夠做到既遠且近，是父母跟孩子做朋友的挑戰。孩子知道你是長輩，仍對你有一分敬意和尊重，卻也欣賞你貼近他的生活情報，彼此也可以開放地談論青少年的潮流，不是一味的指摘。

既要交心 也要勸諫

在朋友面前能夠無所不談，赤露敞開地交心是最親密的關係，要建立這樣的關係，根基是信任。嬰幼兒對父母是絕對地信任，親子關係本無阻隔，然而因着成長歷程總有起伏，親子間的衝突在所難免，父母教養不盡完美，或無意傷害了孩子的自尊，而更自然的是少年孩子的成長需要自主，因而保留了點點自己的心事。

若父母一直沒有跟孩子建立互信及良好的溝通關係，要扭轉劣勢是需要假以時日和心思的。最初開始的時候，就是順其自然地多點親子閒話的機會，進而把握特別的時機，如孩子遇上困難、挫敗時，父母可加以鼓勵安慰。

有父母為了保持交心的親密感，縱使聽到孩子的「歪理」也不敢回應，害怕得罪孩子，以後不再表露心中情。要知道知心好友的其中一個功能是勸諫，防止朋友誤入歧途，只有損友才會同流合污。再者，年少的孩子仍需要父母的指引，只要父母不是強硬的語氣和責怪的態度，語重心長的分析表達，孩子就算表面不接受，心裏仍會反覆思量父母的話。

三件家傳之寶

專家顧問：朱綽婷 / 親子教育工作者

　　乘着工作之便，往往會得到不少啟發。在審書本《家傳之寶》時，心裏便不停在思量：到底爸媽可以把甚麼留給孩子呢？而又有甚麼東西是非傳不可的呢？

我的三件珍寶

　　提起兩代之間的承傳，除了金錢、樓房等有形的遺產之外，大家還會想到甚麼？

　　當了媽媽之後，無端多了一個睡前習慣，總喜歡望着孩子熟睡的臉；然後心裏默默地在禱告，盼望他們的生命有活力也有韌力，這想法由孩子出生持續到現在。所以，假如真的要想個「家傳之寶」的秘笈交給孩子的話，我希望能把錘煉選擇的智慧、說「不」的勇氣、寬大的胸襟這三件珍寶的心法，一一傳授給他們。

第一件：選擇的智慧

　　孩子要學懂如何作智慧的選擇，因為生活就是關乎一連串的決定。他們要與甚麼人分享？分享甚麼？為甚麼要與人分享呢？

孩子會透過生活實況的練習，逐漸掌握一套選擇準則的運作；而這套準則的基礎，則在於孩子自我形象的高低。自愛的孩子會明白為自己訂下界線的重要，也知道不能逾越別人的界線，在面對選擇時，自然會傾向考慮彼此的需要，不單單只顧及自己，變得自我中心，又或一味討好別人而委屈了自己。

第二件：說「不」的勇氣

孩子擁有選擇的智慧，還要有說「不」的勇氣。很喜歡《想要不一樣》這本繪本，簡簡單單的一句話，再配上插圖，既可作為幼兒的閱讀入門書籍，也可刺激少年人去思考說「不」的意義。選擇拒絕，是出於創意的發揮，也是出於保護自己的需要，更是輔助孩子在朋輩壓力下，仍能堅守信念，不隨波逐流的定向槳。至於孩子心中能否累積足夠的勇氣說「不」，則要在乎他們平日有否透過不斷練習，學習掌握把持定向槳的竅門。而孩子又能否得到足夠的機會操練說「不」的勇氣，則視乎爸媽接納孩子提出「異見」的胸襟氣度了。

第三件：寬大的胸襟

至於寬大的胸襟，則讓孩子在學習說「不」的同時，也能夠積極地聽取別人的意見，建立持平的思維邏輯，正面解讀別人對自己的批評。當孩子能從容地面對衝着自己而來的相反意見或批評，便會開始有空間細嚼別人的話，分辨沙子與金子，朝着更美好的方向，繼續成長。

總結：望孩子有福氣

偶爾間，在兄妹倆睡得不好，輾轉反側的晚上，我會拍拍他們的肩膀，輕聲在他們耳邊說：「是媽媽喔，安心去睡吧！」聽到媽媽的聲音，知道媽媽在身邊，他們下意識地翹起嘴角微微一笑，然後就沉沉睡去。看着他們的臉蛋，我深深感到自己能成為孩子的依靠，讓他們在可以信賴的關係中，建立根基穩紮的安全感，是我們的福氣。但同時間，我也很清楚，自己能待在他們身邊的時間會越來越少，所以更希望培養他們成為一個知所取捨、能抵擋誘惑、胸懷宏量的孩子，應該滿有朝氣、生命強韌，福氣也會跟他們如影隨形。

望着孩子睡熟的身影，我是如此相信、如此盼望。

Part 2

身心兼顧

9 至 12 歲的孩子，正值上高小的階段，
生活經驗比小時候更多，心理問題也隨之複雜。
本章涵蓋此階段的孩子不少的心理問題，
父母看過後，就會明白孩子心裏想甚麼。

兒童也會抑鬱？

專家顧問：葉妙妍 / 註冊臨床心理學家

　　香港人生活壓力大，面對生活上的各項問題，容易產生焦慮。很多人都以為患抑鬱的，多數會為成年人，但原來兒童也有機會患上抑鬱，尤其是現今孩子的學習壓力日益嚴重，他們面對繁重的功課和無窮無盡的測驗和考試，孩子患上抑鬱焦慮的情況，就更是普遍。

個案：對學習感焦慮

　　剛升上小五的嘉兒，經學校社工轉介到臨床心理服務，因為新學期開始至今，她每天都在課堂上哭個不停。

　　嘉兒對着心理學家，時而唉聲嘆氣，時而顯得不耐煩。

　　「來這裏幹甚麼？今天晚了回家，功課做不完怎辦？」

　　「太多功課，好深、好難、好辛苦，我追不上啊！」

「明天又要上課，我不想去上學呀！」

沒料到嘉兒原本是一位模範生，一向品學兼優，老師每年總是選她做班長，她也欣然接受。但這個學期，嘉兒拒絕當班長，她認為功課繁忙得令她有點應付不來。

問嘉兒為何在學校哭，她頓時紅了眼圈，説：「我掛念爸爸媽媽，我驚他們有意外呀⋯⋯上星期我夢見媽媽死了⋯⋯嗚嗚⋯⋯」

抑鬱＋上學焦慮

嘉兒的媽媽告訴心理學家，女兒近來經常難以入眠，胃口亦不佳，多次無故哭泣和發脾氣——這令媽媽非常擔憂，因為她的婆婆都曾患過抑鬱症。

心理學家向老師和社工解釋嘉兒的抑鬱及上學焦慮，請校方暫時減輕她的功課量，免去她的班長職務；同時容許她上課情緒不穩時，可以到校務處或圖書館休息。

約兩周後，嘉兒的心情已大致平復下來，很少哭訴不願上學和做班長，不再擔心功課或父母，睡眠與胃口也有顯著改善。心理學家再教導嘉兒一些有效的方法，鼓勵她在家裏和課堂上，有需要時幫助自己調節情緒。

由於進展理想，在個多月後，嘉兒已不用再來了。臨走前，心理學家請嘉兒和父母記下抑鬱病發的信號，將來一旦復發，亦懂得及早求診。

兒童抑鬱的表徵

雖然兒童患上抑鬱症的比率，遠比成人低，但亦絕對不容忽視，尤其家族近親有抑鬱病歷。而且，若孩子年幼時已首次病發，以後復發的機會也會較高。兒童抑鬱症可以是由疾病、家庭問題、學業壓力、朋輩欺凌、失去親友等事情引發，也可以因生活轉變或適應新環境導致。

兒童通常不擅表達自己的情感，他們抑鬱的表徵，除了情緒低落、對事物失去興趣、失眠、食慾不振、原因不明的身體不適等，還可能出現容易哭鬧、亂發脾氣、不肯上學、害怕與人接觸，或其他偏差行為。假如發現孩子有傷害自己的傾向，甚至自殺念頭，更不宜掉以輕心，應立刻向專業人士求助。

考試焦慮症

專家顧問：葉妙妍 / 註冊臨床心理學家

　　很多家長都會擔心孩子在面對學業時，太過懶散；但假如孩子對自己太有要求，過份着緊成績，對考試感到焦慮，也不一定是好事。面對考試時，若孩子感到適量的焦慮，或可有助取得更理想的成績；但若然孩子對考試過份焦慮，這反而可能會形成他們的壓力。

着緊成績 有自我要求

　　記得小時候的我，每當測驗或考試日，早上準備上學時，總會不由自主地作嘔。媽媽聽到了，就會取笑我：「是不是懷孕了？」那時候的我對成績很着緊：擔心遇到不懂的考題、忘了溫習過的內容、一時大意答錯分數、比上次考得差⋯⋯甚至要拿全班最高分。

考試焦慮 病徵有不同

　　美兒在考試期間，通常會睡不好，食不下嚥，心煩氣躁，更容易患感冒發燒。在課室應試途中，美兒不是尿急，就是肚痛，差不多一半的考試時間，她都在上廁中度過。最後，她往往是做

不完試卷，分數自然差強人意。這個學期，美兒在考試日，乾脆請求父母替她請病假，逃避考試。阿湯最怕考琴試，因為他無論練習過多少遍，彈得滾瓜爛熟，但只要面對着考官，他便會心跳加速，雙手僵硬，腦袋空白一片，手指彷彿不聽使喚……結果表現大失水準，何止錯漏百出，簡直是一塌糊塗！

過份焦慮 反形成壓力

受「考試焦慮症」困擾的學生，有些在考試期間會失眠、食慾不振、坐立不安、焦慮擔憂、煩躁易怒，或免疫系統失調；有的則會在試場上，出現頭暈眼花、心跳氣促、腸胃不適、手震冒汗及肌肉繃緊等徵狀。這類學生大都先天性格較容易緊張，父母或學生對自己的要求很高，過於着重學業成績，但自信心卻不足，或者是低估了自己的能力。

面對考試時感到焦慮，本來是正常的現象。適度的緊張和壓力，可以提升學習動機、反應和集中力，有助臨場發揮。不過，太大的壓力，反而會降低學生的溫習效率，干擾專注力和記憶力，影響應試表現。而成績不如理想，進一步打擊自信，令學生考試更焦慮，造成惡性循環。

對症下藥 克服考試焦慮

想克服考試焦慮，必須對症下藥：

- 定時充足的睡眠、營養均衡的飲食、維持適量的運動，是抗壓的基本功。
- 制訂溫習時間表，安排休息和娛樂，掌握有效的學習方法及應試技巧，應付考試就更胸有成竹了。
- 找個值得信任的人，不管是家人、老師或朋友，傾訴心中的憂慮；也可以進行輕鬆的活動，幫助紓緩情緒。
- 學習分散注意力及鬆弛技巧，例如深呼吸、肌肉鬆弛法和意象鬆弛法。好像美兒應試時，可想像自己在家裏做練習；阿湯投入進彈奏歌曲的意境……在試場中，讓腦海充滿正面的自我提示：「放鬆點，會做得更好」、「盡了力便可以了」、「我會順利過關的」。
- 對自己的期望要合理，不用太着重結果，毋須跟別人作比較，不怕承受失敗挫折，不要以成績釐定自己的價值——能調整面對考試的心態。

選擇性緘默症的女孩

專家顧問：葉妙妍 / 註冊臨床心理學家

　　患有「選擇性緘默症」的人，先天大多個性害羞、敏感、退縮、抑壓和膽小，或過度依附照顧者，不少同時患有社交焦慮症。患者的父母常見過份保護或控制孩子，有的父母在社交方面太拘謹，也有的孩子在成長中，鮮有機會接觸家庭以外的人，缺乏與他人交往溝通的經驗。

是其中一種焦慮症

　　「選擇性緘默症」（Selective Mutism），是一種焦慮症。患者持續在特定社交環境，普遍為學校裏不能說話，影響學習、工作或人際溝通。患者不能說話並非由於不熟悉某種語言，有言語發展障礙、自閉症或其他精神疾患。「選擇性緘默症」的意思，並不是指患者「選擇」不說話，而是在某些「選擇性的社交場合」不能說話。患者通常以適齡上學的兒童居多，青少年及成人屬少數，症狀可長達數月至數年。

個案：選擇性不開口

　　八歲的佩佩，向來在學校裏不說話，不僅在課堂上不回答老師問題，即使身體不適或要上廁所也「死忍」、默不作聲。佩佩跟同學亦主要透過表情、手勢等身體語言溝通。不過，她偶爾會跟好朋友在課後悄悄低聲說話。起初老師以為佩佩只是性格怕醜內向；但到了學期考試，必須朗讀、口試及唱歌，她仍然堅持不開金口，令老師大感頭痛。

　　誰知道平日在家裏，佩佩像隻吱吱喳喳的「開籠雀」。她曾向媽媽透露：

「我好怕俾人聽到自己把聲。」

「要同人講我要乜嘢、諗緊乜嘢，令我覺得好唔舒服。」

「嗰啲人令我有壓力，我驚開口會引起人哋注意。」

「雖然有時好想講嘢，但都係唔出聲安全啲。」

大腦偵測到危險信息

　　當佩佩在學校感到恐懼的時候，大腦便偵測到危險或受威脅的信息，啟動保護機制，教她以保持沉默作為防衛措施。佩佩的問題並非語言障礙，而是焦慮引致的社交功能障礙；她不是故意對抗、拒絕合作、不肯講話，而是說不出來。她有不能克服的困難，需要別人幫忙。

慢慢建立自信心

　　佩佩起初面對臨床心理學家同樣不能說話，所以治療首階段只是以互動遊戲的形式，來建立信任、熟悉和安全感。然後進入非口語溝通階段，讓佩佩以圖卡、畫畫、寫字及身體語言來表達自己。第三階段為間接口語，即用事先錄音、錄影和電話等方法溝通。最後階段才直接用口語，佩佩可以循序漸進地先以嘴形說話，再由輕聲到高聲，從簡短到較長對答，引導她逐步接近期望的目標行為──正常口語溝通。

　　另一方面，佩佩的媽媽嘗試邀請女兒熟悉的朋友到家中作客，及後以至老師和學校社工家訪。此外，老師開始在課堂上請全班同學集體回答簡單的提問，再慢慢分組及縮少作答的人數，協助佩佩逐步建立在學校說話的信心。同時，老師亦不會在課堂上公開鼓勵或讚賞佩佩說話，以免她感到受人注目的壓力。

教你認識自閉兒

專家顧問：葉妙妍 / 註冊臨床心理學家

　　於智力及語言能力正常，社交溝通能力缺損較少的自閉症，以往被稱為「高功能自閉症」或「亞氏保加症」。但《精神疾病診斷及統計手冊——第五版》（DSM-5）於2013年推出後，不同程度的自閉症，已經全部統稱為「自閉症譜系」（Autism Spectrum Disorder-ASD）。

個案 1：沉迷自我

　　四年級的忠仔通常不會望人，對人「十問九唔應」，有時問非所答，間中說着旁人不明所以的自創古怪字詞。他喜歡坐在靠背的椅子上前後搖晃，於窗前觀看街上川流不息的車輛。他閒來亦愛把玩具車在地上排成長長的隊伍，不許別人碰他排列的車隊。忠仔最討厭擠迫的車廂和升降機，假如同學拍拍他或搭膊頭，他會尖叫起來。他又非常害怕鑽東西的聲音，例如裝修鑽牆和牙醫鑽牙聲，因此至今未能順利檢查牙齒。

個案 2：過份執迷

十歲的小卓，自小嚴重偏食，只肯吃碎肉和綠色的蔬菜，雞蛋就只接受炒蛋。他搭巴士和上快餐店，都要坐指定的位置，如果該座位已被佔用，就寧可不吃或站着不坐。小卓平日動作較笨拙，容易碰撞別人或打翻東西。小卓對各種恐龍和國家資料極度沉迷，整天把這類話題掛在嘴邊，不管別人有沒有興趣聽。有時他會對陌生人說：「點解你剪個咁肉酸嘅頭髮？」、「你呢度啲嘢好難食！」……令父母十分尷尬。上個月，小卓不滿老師沒有即時懲罰上課時傳字條的同學，激動得連枱凳也推倒了。

個案 3：社交障礙

媽媽覺得小六的阿添，令她很沮喪，因為兒子不會表達自己，亦「唔識睇眉頭眼額」，經常要媽媽「畫公仔畫出腸」，跟他傾訴心事，也顯得無動於衷。阿添的老師認為他讀書只靠死記硬背，對抽象思維、閱讀理解、社交情景和抒情文的掌握，尤其吃力。而且在班中不合群，沒有朋友，說話生硬拘謹。阿添又不明白比喻和笑話，好像同學說：「掂親就死喇！」，他會很驚慌；或者打趣說：「個女仔鍾意你喎！」，他便信以為真──結果惹來同學戲弄他，叫他做「傻仔」。

屬先天性發展障礙

自閉症是一種先天性的發展障礙，跟遺傳基因與神經系統有關，確實的成因仍有待研究。症狀包括：社交溝通及人際交往的障礙、刻板重複的言語行為模式、固執習慣或狹隘興趣、對某些事物的感覺過敏或過弱等，嚴重影響正常生活。約四分一自閉症患者，同時有智障，亦可能有語言障礙、特殊學習障礙、發展協調障礙、專注力不足過度活躍症等。自閉症至今未有根治的方法，常用的訓練策略有：應用行為分析、結構化教學、社交故事、思想解讀、地板時間、圖片交換溝通系統、感覺統合治療等。自閉症從外表看不出來，然而在情緒、行為、溝通、社交、學習和成長中，都會碰到多不勝數的難題。父母的辛酸，實在不足為外人道。除了家長和學校的合作、專業人士的訓練外，也需要旁人多理解、接納、體諒與包容，方可攜手共建關愛共融的社會。

孩子養成自戀性格

專家顧問：葉妙妍 / 註冊臨床心理學家

　　香港城市大學應用科學系曾訪問九千多名小三至中五學生的家長，量度他們子女的「自戀指數」。結果發現本港中小學生的自戀程度，比美國、澳洲及英國的學生更甚。其中家境富裕的學生，自戀程度相對較高。

自戀有甚麼特徵

　　自戀的英文（Narcissism）來自希臘神話：河神和仙女的兒子納西瑟斯（Narcissus）是個絕世美男子，因自負地拒絕了無數女子及女神的求愛，被復仇女神懲罰，使他狩獵後，在湖邊愛上自己在水中的倒影，難以自拔，最後憔悴而死，在湖邊化作以他命名的水仙花（Narcissus）。

　　心理學家打從上個世紀，已經開始研究病態的自戀。根據《精神病診斷與統計手冊》，「自戀型人格障礙」常愛自誇、需要讚賞、同理心弱，並有以下特徵：

- 誇大自我的重要性；
- 心思都放在無限成功、權力、才華、美貌或理想愛情的幻想中；
- 相信自己是獨特的，只有特殊或位高者才可為伍或了解他；

- 需要過度的稱讚；
- 認為自己有特權，應有特殊待遇；
- 在人際關係上剝削別人，佔人便宜以達目的；
- 缺乏同理心，毋視他人的感受和需求；
- 經常妒忌別人，或認為別人妒忌他；
- 自大、傲慢的行為或態度。

與家庭教養有關

荷蘭阿姆斯特丹大學的兒童發展與教育學系曾經研究兒童自信和自戀性格的養成，假如家長時常對子女表達愛和鼓勵，很有機會教出自信的孩子；相反如果家長認為子女遠比其他同學優秀，過份推崇和稱讚，就容易教出自戀的孩子。

有些父母要求別人給予自己的子女特權和優待，或不用守規矩，我稱他們為「VIP型直升機父母」。香港生育少，獨生子女多，孩子們集萬千寵愛在一身。父母、祖父母、家傭等，均對孩子服侍周到，呵護備至。驕縱的孩子，倘若養成一派「奉旨」的態度，不懂欣賞與感恩，待人更會高傲自大，橫蠻無理。

有的父母，愛誇大子女的獨特和優秀，整天誇耀孩子「好叻」、「好醒」，字典中沒有差勁或失敗，我叫他們做「高大空型直升機父母」。孩子自小受盡誇獎，自信心過度膨脹，空泛浮誇的自我形象完全脫離現實，長大後只能自欺、逃避、放棄，以免挫敗、輸不起，最終難以適應社會。

過度自戀變自視過高

研究顯示，自戀型人格障礙，跟抑鬱、厭食、濫藥、社交障礙等心理問題息息相關。過度自戀者，傾向自視過高，被人批評或拒絕，會老羞成怒，或變得具侵略性。他們亦會因為太自我中心，缺乏同理心，妄顧他人感受，為求己益可以不擇手段，可導致欺凌，甚至犯罪行為。

父母接納和肯定自己的子女，可助他們建立正面的自尊感；但切勿過份縱容，製造虛幻浮誇的優越感。父母必須客觀踏實地讓孩子了解自己的長處和弱點，鼓勵克服困難與挫折，讚賞具體行為和付出的努力；同時多示範和教導孩子如何代入及關顧別人的感受，自小培養同理心，亦讓孩子學懂明辨是非，走正大光明的人生路。

叛逆頑劣對立性反抗

專家顧問：葉妙妍 / 註冊臨床心理學家

　　有研究發現，對立性反抗症的患者，在先天脾性上，有情緒調節的困難，例如反應強烈和忍受挫折能力弱。而嚴苛、不一致或忽略型的育兒方式，以及父母關係惡劣、酗酒濫藥、家暴問題等，也可能與此症有關。

個案：激烈的叛逆行為

　　「阿寶，我剛同你講過，入到輔導室，唔可以再玩手機。畀多十分鐘你，就要閂機喇。」

　　首次接受心理服務的阿寶，充耳不聞，繼續埋頭打機。

　　「十分鐘已經過咗，你再唔停止，手機就要暫時沒收。」

　　阿寶怒吼：「你信唔信我一拳打爆你個頭！」

　　12歲的阿寶，經常被學校投訴「唔受教」、「包拗頸」、「搞對抗」，例如不聽從指示、拒絕做功課、公然頂撞和挑戰老師；觸犯校規時，總是不肯認錯，受責罰還深深不忿；動不動便和同學衝突，別人不小心碰撞他，便會出手打人。因為阿寶不斷在學校製造麻煩，訓導老師向家長暗示，這所學校可能不適合他。結果阿寶的爸爸，只好帶着不情願來的兒子，向心理學家求助。

防禦底下的心聲

經過數次會面，阿寶的防禦心漸漸退去，不屑、猜疑和不合作的態度，亦有所改善。他開始透露覺得爸爸很煩，天天命令他起床、刷牙、換衫、吃飯、做功課……如果他不肯關機，就會動手打他。阿寶更向我抱怨，老師處事不公，經常偏幫其他同學，教他欲辯無從。他最痛恨兇惡又獨裁，整天罵人罰人的老師，巴不得好好整他們一頓。阿寶從不願提及他的媽媽，據說她多年前已離家，自此音訊杳然。

何謂對立性反抗症？

對立性反抗症（Oppositional Defiant Disorder—ODD）是一種精神健康問題，約3%兒童會患上此症，男孩比女孩多近一倍半。主要的症狀為長期經常發脾氣、性情暴躁易怒、不時與大人爭辯、違抗權威者、故意激怒別人、犯錯諉過於人，而且會懷恨報復。通常孩子在學前時期已有跡可尋，症狀或會持續到青少年期，並增加他們導致焦慮、抑鬱、濫藥、衝動控制及反社會行為的機會。患有對立性反抗症的孩子，討厭規矩和約束，逃避承擔責任。他們要跟大人平起平坐，最想為所欲為。因此他們唱反調、不妥協，以為能夠打倒一切權威，不受任何人控制——可是這些觀念跟社會的規範和紀律背道而馳，所以他們注定不斷惹事生非。然而他們又不會從犯錯的經驗中吸取教訓，反而因老羞成怒而不惜報復。

管教需時間和耐性

家長和老師要明白對立性反抗症的孩子，他們表面上是惡形惡相，目無尊長，但背後卻隱藏着一顆低自尊、戒心強、孤立又脆弱的心靈。他們最善於爭辯對抗和激怒權威者，所以家長和老師要保持冷靜理性，千萬別掉進糾纏不清的爭鬥陷阱中。打罵、威嚇，甚至以暴易暴，只會造成惡性循環。此外，由於這類孩子的高度敏感和自我保護心理，跟他們建立關係極需時間和耐性：嘗試跟他們溝通，很可能會碰壁；對他們好，也要有不領情的心理準備。雖然如此，這些孩子畢竟也需要有人愛和接納他們，願意為他們付出，對他們循循善誘，才能讓他們解除自我防衛，為成長步入正軌帶來一線曙光。

我有口吃請勿見怪

專家顧問：葉妙妍 / 註冊臨床心理學家

　　始於兒童早期的「流暢障礙」（Childhood-Onset Fluency Disorder），俗稱「口吃」，是一種與腦神經發展相關的溝通障礙，患者說話時會不流暢、結結巴巴或俗語說「口窒窒」。口吃的特徵為說話時經常明顯中斷、停頓、重複字音、拖長語音，或頻頻出現無意思的字音，有的更會伴隨奇怪的小動作，例如眨眼、伸脷及握拳等。

個案：有麵包鯁在喉嚨

　　口吃的成因，包括遺傳及心理因素，尤其在緊張和受壓的狀況下，口吃會特別嚴重，令患者感到尷尬、羞恥、恐懼、焦慮、挫敗……因而逃避與人溝通或參與社交活動，對自信心的影響委實不輕。

　　「媽……媽媽……我我我想食食……芒果雪雪雪糕。」

　　「佢er可能er塞車……所以um咁耐都er未返。」

　　「我口吃，我爸爸會口吃，我爺爺都有口吃。」

　　還記得唸小一那年，有位同學好奇地問我，為甚麼說話這樣

古怪。當時我一本正經地告訴他，有塊麵包鯁在我的喉嚨裏。到了下學年，他問我那塊麵包是否仍塞着我的喉嚨。

不敢回答老師問題

當我升上高小後，開始遇到拿我開玩笑的同學。每趟我放學回家，都會躲起來哭。我覺得好羞愧，好辛苦！我希望跟其他人一般正常，我不想自己因這種缺陷而與眾不同。多年來，我在學校盡量不說話，以免自取其辱。上課對我來說，可以是一件痛苦的事。儘管我懂得老師的問題，也總不敢開口回答，只是緊閉着嘴唇，內心在掙扎，恐怕被人恥笑。每逢老師向同學輪流發問，我會覺得彷彿在等待判處死刑。那種壓力和焦慮，令我的頭顱快要爆炸了！當老師終於喊出我的名字，我便站起來，垂着頭，摒住呼吸，繃緊面部肌肉，使勁掐着指頭，務求盡力吐出每個字。

接受言語治療

那時候，隔周我都會接受言語治療，雖然要做不少練習，但姑娘從來不會使我感到緊張或尷尬。她教我掌握說話的節奏韻律，改善流暢度的技巧，由朗讀課文，慢慢延伸到模擬溝通情景，以至日常社交情況。其後我亦接受心理輔導。除了鬆弛練習，我學會一個重要的道理：看待問題的態度，決定一個人受困擾的程度。我嘗試不害怕口吃，不與它對抗，而是與它並存；同時不過份關注它，堅持過正常的生活。我學習坦然接受自己的口吃，接受我的獨特和不完美，不再把口吃當作必須完全解決的問題，因為它不能決定我的自我價值。

不讓口吃影響人生

我開始跟友善的同學交往，有時他們對我的說話，也會忍俊不禁，但是我不太介懷。我不再在意話講得怎麼樣，反正我想說的都能說出來，對方聽得明白就行了。我又沒有打算將來要當主持或司儀，口才不用很好吧？反而我的內容更為重要。所以我鼓起勇氣，主動舉手回答老師的提問；老師果然着重我答案的對錯，而非我講得怎樣，還讚我踴躍答問呢！我知道不少中外名人都有口吃，好像胡楓、周迅、劉曉波，甚至牛頓、達爾文、邱吉爾……有人因口吃而痛苦，有人卻活得快樂又精采。成功不意味着沒有口吃，而是不讓口吃影響自己的人生！

一個兔唇女孩的心聲

專家顧問：葉妙妍 / 註冊臨床心理學家

　　人們天性愛美，貌美的人自然惹人喜愛，在社會處處佔優。假如孩子有先天性的面部缺陷，難免帶來心理障礙。異樣的眼光、傷害的言語、歧視的對待……嚴重影響孩子的自我形象、社交生活和心理健康。因此，家長應身教與言教並重，引導子女對外觀異常者多點接納和愛護，自小播種一顆對不幸者的同理心，培育共融關愛的下一代。

討厭自己的樣子

　　我不愛照鏡，我抗拒拍照，我習慣別人看我便垂下頭來，我說話時不自覺掩着嘴，我外出常戴上口罩——我很討厭自己的樣子，因為我有兔唇。

他們會對我説，不過是唇上一道小小的疤痕罷了，跟普通人沒有多大分別。不要聚焦或放大那一點瑕疵，其實它沒有你想像的那麼礙眼。而且又不致影響日常生活，看慣了就沒有甚麼，不用太在意。

安慰的説話

你安慰我，長大後可以再做嘴唇整容手術，或者用化妝品遮蓋──但根本不可能完全看不出來啊！你鼓勵我，能力和性格比外表重要，我有其他的優點──但我要比別人做得更好，來彌補我的缺陷，這樣對我公平嗎？你告訴我，樂壇天后的女兒也有兔唇，她看來日子過得很好呀──但我不是她，我不得不承認，我很自卑！

「真可惜，如果沒有兔唇，她本來長得不錯。」

「已經長得這樣了，自己還不努力，將來靠甚麼？」

「有些裂唇患者更嚴重，説話口齒不清，飲湯邊喝邊漏，你已經算幸運了。」

雖然這些還不及曾經嘲笑我和給我改花名的同學那麼惡毒，不過也足夠教我哭得死去活來，恨不得永遠躲在房間，不要再去見人。

父母的支持

儘管多難受，我卻不會怪責父母，因為他們為了我天生的缺陷，已經夠自責了。媽媽常常內疚，自己是否懷孕時吃錯東西、誤用藥物或者感染了病毒而不自知。爸媽也告訴我，曾經因為我三個月大便要做裂唇修補手術，看着我受苦，他們心如刀割……不過這些我都統統沒有印象了。

最少我的父母知道我有兔唇，但從來沒有想過不要我。有時我從新聞看到，發展中的國家，有兔唇的嬰孩被遺棄，我會感到份外難過。早前聽聞有個兔唇的女孩，遭到父母虐待，更叫我咬牙切齒！

有時爸媽會勸勉我，做人要堅強和樂觀，勇敢地面對及克服困難。幸好他們都很接受和愛護我，我才有信心與力量堅持下去。希望將來長大後，我會幸運地遇到一個很愛我的人，對我説：我不在乎你的兔唇。也許我就可以完全衝破這個心理關口，感覺自己跟正常人一般幸福吧！

為何患生物恐懼症？

專家顧問：葉妙妍 / 註冊臨床心理學家

「恐懼症」（Phobia）是持續過度而不合理地害怕某種事物，並引發恐慌反應及逃避行為，令患者感到焦慮和困擾，或影響他們的正常生活。常見的「恐懼症」類型，包括：畏高、怕水；懼怕動物、昆蟲、見血、打針；身處交通工具、密封空間、空曠地方、社交場合時感到恐懼等。

個案：膽小鬼 害怕動物

所有同學都知道，中二乙班的翠兒是個不折不扣的膽小鬼：若有蟲蟻出現，大呼小叫不在話下；遇到小貓小狗，同樣驚惶失措；就連同學喜愛的倉鼠、白兔、金魚、烏龜等，她亦怕得要命。所以翠兒自小不肯去動物園、水族館和昆蟲館；甚至路過寵物店，也會避若蛇蠍。

有一次，老師在綜合科學的課堂上，講解生物的構造，即席解剖一條冰鮮魚。翠兒感到一陣頭昏腳軟、胸悶作嘔，其後更暈倒過去。自此以後，翠兒每逢上綜合科學課，不是頭暈就是胃痛，總要待在休息室裏，最後老師不得不聯絡翠兒的父母。

童年陰影 影響生活

翠兒的父母向我透露，女兒害怕魚類，可能是小時候看過鯊魚、食人鱲之類的紀錄片，因此覺得「所有魚都會食人」。翠兒形容魚類外表「好核突」，氣味「好難聞」，「摸落去又濕又滑」，看到或嗅到都令她十分嘔心，而且更可能有寄生蟲。

為免翠兒大吵大鬧，無論在家或外出用膳，父母都盡量避免點蒸魚、燒雞等會引起翠兒不安的菜餚，只能吃魚塊、雞柳等餸菜。此外，不僅爸爸為了翠兒，而不敢飼養心愛的熱帶魚；還有家中有任何寵物的親友，翠兒也拒絕到訪。

心理治療引導

然而，翠兒對各種生物的恐懼，令她平日誠惶誠恐、神經兮兮。加上經常被同學取笑、作弄，或者嫌她大驚小怪、麻煩多多，不願跟她交朋友。翠兒為此悶悶不樂，本來已經缺乏自信的她，更感到自己一無是處。我向翠兒解釋，她不需要喜歡魚類，卻不用害怕牠們，因為牠們對人類沒有威脅，不會咬人，更不會吃人。翠兒的恐懼，源於她習慣高估其他生物的危險性，同時低估了自己的應付能力。心理治療引導翠兒循序漸進地逐步接觸魚類：首先看有關魚的圖片和錄像，然後到售賣金魚的店舖，以及海鮮酒家的魚池去觀看魚類，再去超級市場和街市買魚回家，最後觸摸已處理並準備烹調的鮮魚。後來，我又用類似的方法，幫助翠兒克服對貓狗的恐懼。

別過份保護和遷就

我建議翠兒的父母，不要太保護和遷就女兒，令她養成膽怯怕事、逃避問題的個性。漸漸地，父母在選擇餸菜時，再沒有諸多顧忌；並多了帶女兒逛寵物店、水族館、雀鳥公園及郊外離島等地方，以接觸昆蟲、魚類和動物。約半年後，翠兒很興奮的告訴我，她在一間寵物店，抱過一隻三個月大的小狗，覺得牠非常溫純可愛，抱着牠的感覺也很好，簡直是捨不得放下呢！

孩子頻呼：我好驚！

專家顧問：葉妙妍 / 註冊臨床心理學家

　　孩子面對某些事情容易變得驚惶失措，除先天性格屬膽小過敏之外，後天的家庭環境，也對他們有很大的影響。孩子個性膽怯敏感，會形成過份倚賴的性格，甚至影響到成長後的性格和待人處事的態度。

因驚慌而難以入睡

　　就讀六年級的小敏，近來不分晝夜都嚷着「好驚」，晚上在床上輾轉反側難以入睡，半夜醒來又顫抖冒汗。醫生給她處方睡前吃的鎮靜藥物，之後她的失眠情況稍有進展，不過驚慌的情況仍舊持續。

　　事緣三個星期前，老師在課堂上提及第二次世界大戰，小敏感到好奇，回家上網搜尋二次大戰的圖片，據說因此被「嚇

親」，不肯再提戰爭圖片的事。自此小敏每晚要嫲嫲陪她一起睡，嫲嫲夜半起床如廁，小敏也怕得要拉着她。老人家清晨五時多便起床，小敏又要媽媽過來「接力」陪她睡。

了解為何感到驚慌

要幫助小敏，我需要先了解她為何會被網上的圖片嚇怕。原來二次大戰全是黑白的相片，都是一些軍人和平民百姓──小敏因此聯想到全部都是死人，這些鬼在夜裏可能會來睡房找她。

我嘗試引導小敏從理性層面去分析網上的圖片：首先，二次大戰發生在70多年前，基於那時候是技術發展階段，所有的相片一定是黑白的，包括嫲嫲給她看的舊照。此外，雖然二次大戰照片中的人大概已不在世了，但是並不代表他們變成了鬼，更沒有任何原因要來找她。

因想像變成恐懼

小敏承認她從來未見過鬼，亦沒有認識的人遇過。她其實不清楚是否真的有鬼，這全是她自己的想像。根本沒有事實證明相中人變成鬼來找她，只是她在腦海中不斷播放這自編自導的恐怖片來嚇唬自己罷了。

一個多星期後，小敏的噩夢和恐慌都顯著改善了。不過，當我提議一起上網搜尋二次大戰的圖片時，她立刻威脅要離開以示抗議。我請小敏的嫲嫲和媽媽逐步減少陪小敏睡，教她抱着心愛的毛公仔獲取安全感，並以正面的自我勉勵來應付恐懼。

過份保護造成依賴

原來小敏從小個性膽怯敏感，她以前曾經非常害怕釘十字架的耶穌像、動畫中的巫婆和怪獸，以及貓狗等小動物。我發現小敏的家人對她過份保護，例如嫲嫲擔心小敏洗澡時會滑倒，至今仍要在浴室陪伴她──這些不經意的舉動，造成小敏過份倚賴，不僅洗澡時需嫲嫲在浴室陪伴，上公共洗手間也要求看到媽媽或聽着她的聲音。

儘管我們的性情，受先天因素影響居多，但後天環境的影響，也不容忽視。小敏容易成為驚弓之鳥，家人當然先要諒解和安撫，同時也應教導她如何面對和克服恐懼；平日宜多給她機會培養獨立的能力，增強其自信心，鼓勵她做個勇敢的孩子。

惱人的強迫症

專家顧問：葉妙妍 / 註冊臨床心理學家

「強迫症」（Obsessive-Compulsive Disorder）是指患者有持續而反覆的意念，例如擔心污染、錯漏、邪念等，難以忽視或壓抑，而帶來莫大焦慮和不安；故患者需重複強迫性的思想或行為，如洗手、檢查、要求保證等，來暫時減輕這些焦慮。長遠卻令問題惡化，造成更大困擾、浪費時間及損害正常學習、工作、家庭或社交生活。

個案：強迫症影響有潔癖

唸中一的津津初次來見我時，已經個多星期沒有洗澡了。因為他洗澡前，要先清潔浴室；淋浴時要按步驟清洗身體各部位、數算洗擦次數，以及反覆沖洗多遍；再要求媽媽在門外給他遞上浴巾和衣物……每次洗澡動輒花上兩個多小時，實在疲累不堪，所以津津近來乾脆逃避洗澡。

影響與家人關係

津津甫踏進我的辦公室，趕忙把椅子拉得遠遠的，還要背着我坐，原來他看到茶几下的廢紙箱。他的爸爸和媽媽表示，津津越來越害怕垃圾桶和廁所，甚至在自己家裏，也不肯把廢紙掉進垃圾桶；家人剛如廁，他就躲得遠遠的，生怕觸碰到他。津津又乾又紅的雙手，彷彿在告訴我，從早到晚不斷用肥皂洗手的痛苦；他那副帶着黑眼圈的愁容，又好像在向我傾訴，每天畏懼骯髒致寢食難安的折磨。由於津津經常不斷地問父母，他洗得夠不夠乾淨？不潔的東西有沒有沾到他？懇求反覆的肯定，才會令他稍為安心，令父母十分厭煩。媽媽投訴津津浪費了很多自來水、肥皂、廁紙和消毒濕紙巾。而且津津長時間佔用廁所，除了造成家人不便，還要父母不斷催促他──家庭衝突已是司空見慣。

受學業壓力影響

我相信津津的強迫症，很可能跟他在學校的壓力和適應有關。他隱約記得早在小五時，已開始害怕污穢和經常洗手。那年，他非常憂慮呈分試的成績，每次測驗和考試都緊張得心跳手震。最終他順利升讀心儀的中學，總算舒了一口氣。不過，津津很快便發現，中學的課程不如他想像那般輕鬆，他很擔心會跌出精英班。結果強迫症日漸惡化，教他無法專注學習，分數和名次每況愈下，導致惡性循環。

認知行為治療法

我主要用「認知行為治療法」（Cognitive Behavioral Therapy）來治療津津的強迫症，包括：「暴露及反應抑制法」（Exposure & Response Prevention），例如幫助津津循序漸進地接觸垃圾桶，同時把洗手逐步減至最少；引導他以鬆弛法和分散注意力的方法克服焦慮，用「認知重建」（Cognitive Restructuring）學習以客觀和理性評估洗手或清潔的需要。此外，父母也需配合治療，在家協助執行，以加快進度。

兩個多月後，津津洗手的次數和時間已大幅減少，每天在限時內洗澡，並在練習丟垃圾進街上的廢紙箱。另一方面，津津還需調整自己對學習的要求，掌握有效紓緩壓力的方法，始能長遠保持心理健康。

咬手指皮好難戒

專家顧問：葉妙妍／註冊臨床心理學家

　　兒童可能會有咬手、搣手指皮、搲頭髮、拔眉毛等壞習慣，如果長期不斷這樣做，導致損傷或影響外觀，屢次嘗試都戒不掉，並造成嚴重困擾或妨礙學習、社交等正常生活，便可以診斷為強迫症的一種。

戒不掉的壞習慣

「又咬手指？話極你都仲係咁嘅！」
「搣到損晒、流晒血喇，你唔痛㗎咩？」
「搞到啲手指咁核突！你知唔知醜呀？」
「又口水又傷口咁污糟，惹到惡菌要切手指你就知死！」
　　瑤瑤向來都有咬手指的壞習慣，看到她手指頭的傷口，尤其拇指和食指，簡直慘不忍睹。瑤瑤的父母試過提醒、責罵、處罰、羞辱、恐嚇⋯⋯甚麼法子也好像不大奏效。雖然瑤瑤間中稍為收斂，不過很快又故態復萌。有時瑤瑤乾脆躲起來咬，或者在上課時咬，父母都束手無策。近來父母出手阻止時，瑤瑤會大發

脾氣，令父母覺得她存心作對，彼此關係更劍拔弩張。

為失控行為而內疚

瑤瑤坦言，看到指頭有突出的皮，摸到指甲旁有凹凸感或結疤的小硬塊，就會渾身不自在，有種「除之而後快」的衝動——用指甲刮、用手指搣、用牙齒咬；然後將撕掉的手指皮，放在兩隻指頭間搓着把玩，隨便丟了，甚至吞進肚……瑤瑤覺得這些行為是不自覺的，當時並不感到疼痛，但過後都會為自己的失控而內疚。

孩子咬手指皮的原因有很多：可以是口腔、牙關及指頭的感官刺激，亦可能因缺乏安全感而藉此尋求自我安慰；有的會在沉悶無聊或焦慮不安時咬手指，也有些用咬手指來幫助自己學習更集中。因此瑤瑤的父母要先觀察和記錄女兒咬手指皮的行為，例如在甚麼情況下咬、持續多久、頻密程度及之前發生甚麼事等，分析了解瑤瑤的咬手指行為，方可對症下藥。

行為治療方法

瑤瑤的父母可嘗試行為治療的方法：

❶ 利用香口膠、牙膠、壓力球、撕紙等，可以滿足口腔和指頭的感官刺激。

❷ 用替代行為如緊握拳頭、坐着雙手、雙手十指交握、拿着物件等，使她不能同時咬或搣手指皮。

❸ 戴口罩、薄手套、手指套、貼膠布、塗潤手霜或吃味苦的中藥。

❹ 在書桌、筆盒等常用物件上，貼上標記作自我提示。

❺ 做運動、鬆弛練習等減壓；或用遊戲、活動和嗜好來分散注意力。

提升自信改壞習慣

此外，不建議父母用喝止、拍打及恥笑等方式，因為不單效果不理想，更會損害瑤瑤的自尊，令其感到煩躁或緊張，結果令問題行為更越演越烈。父母可以向瑤瑤耐心解釋咬手指皮的壞處——好像影響外觀和衛生，感染細菌，妨礙健康，朋輩可能會疏遠或排擠她等，鼓勵她配合父母的協助。每當看到瑤瑤沒有咬手指，父母便給予讚賞，提升她的自信，努力戒除這個壞習慣。

邊緣型人格障礙

專家顧問：葉妙妍 / 註冊臨床心理學家

　　假如一個人的性格，在思想、情緒、人際關係或衝動控制上，持續偏離社會文化的期望，令自己或旁人深受困擾，嚴重影響社交、學業或工作等方面的正常生活，他很可能患有「人格障礙」。

邊緣型人格障礙的徵狀

　　「邊緣型人格障礙」（Borderline Personality Disorder），是「人格障礙」的一種，主要有以下徵狀：

❶ 情緒、人際關係和自我形象極不穩定；
❷ 長期感到空虛，害怕被人拋棄；
❸ 容易失控暴怒，做出有害的衝動行為；
❹ 經常有自殺或自殘的行為；
❺ 受壓時可能出現短暫妄想或幻覺。

家校雙方 均束手無策

　　父母帶就讀中一的惠明來見臨床心理學家，因為學校社工和老師，都對她束手無策。據母親透露，惠明自升中後，變得無心向學，並不時製造麻煩。首先，母親收到學校社工來電，原來惠

明發信息給社工，一時聲稱在課室裏看到有個人頭飄過，嚇得她膽戰心驚；一時又投訴遭父母強迫唸書及虐打，所以想死，並準備離家出走——令父母和社工均摸不着頭腦。

不過，在這個學期，惠明確實曾於放學後「出走」：一次是因為欠交功課要罰留堂；另一次是她冒家長簽名需記缺點。每趟總是要父母和校方四處尋找她，還要去警署報案。結果在失蹤數小時後，惠明自行被發現，教大家疲於奔命。

更甚的是，惠明屢次在課室裏邊哭泣邊用剝刀剝手，手臂上條條血痕，嚇壞同學。上星期小息時，惠明更在走廊攀上欄杆。校方不敢怠慢，急忙召來救護車，把激動的惠明送往醫院。據說惠明在病房，繼續向醫生訴說課室裏有鬼和遭父母虐待的事⋯⋯

EQ低 自制能力差

向來愛找學校社工的惠明對我說：「社工好煩！整天纏着我，迫我跟她傾談。」問惠明何故做這些事時，她聳聳肩說：「可能想跟父母作對，給他們麻煩吧！」惠明父親搖頭嘆氣地說：「她EQ低、自制能力差、說話不知輕重，可能想引人注意⋯⋯是她被寵壞了吧？這樣下去，我們不再理會她了！」

父母還要求心理學家寫封信，讓學校批准暫被停課的女兒早日復課。可惜事情並沒有這麼簡單，皆因惠明是患有典型的「邊緣型人格障礙」。

辯證行為療法 屬長期戰

治療「邊緣型人格障礙」，是場披荊斬棘的長久戰。因為患者往往會將待人時而癡纏、時而敵對的善變模式，投射到治療師身上。而且他們極度需要關注、操控慾強，所以在輔導關係中，必須及早訂立很清晰的界線。此外，「邊緣型人格障礙」患者，很可能同時受抑鬱、暴食、濫藥及童年不幸經歷等問題困擾；加上衝動自殘或企圖輕生，他們也習以為常，令治療過程更充滿挑戰。

近年較多研究證明，「辯證行為療法」能有效治療「邊緣型人格障礙」。透過個人和小組治療，患者可學習靜觀訓練、接受和忍耐情緒困擾、妥善調控情緒，以及處理人際關係的技巧。研究結果發現，經治療後，患者的憤怒情緒、自殘和自殺行為、入院次數等都減低了。而他們在工作表現、與人相處，以至情緒控制技巧，都得到顯著提升。

孩子有讀寫障礙

專家顧問：葉妙妍 / 註冊臨床心理學家

在「特殊學習困難」中，「讀寫障礙」可謂最普遍的一種，很多家長對此問題也不會感到陌生。但到底「讀寫障礙」有甚麼特徵？家長如何發現孩子有「讀寫障礙」？而家長可做甚麼來幫助孩子呢？家長應作深入的了解。

最怕抄寫功課

「唔做喇！唔做喇！我以後都唔做喇！」

「啪」的一聲，中文習作簿被擲在地上，鉛筆芯折斷了，接着傳來「嗚嗚」的嚎哭聲，劃破深夜的靜寂。

三年級的子彥，最怕抄寫的功課，因為他寫字很慢，容易覺得疲累。可惜詞語、造句、作文、工作紙……統統都要寫字。加上他經常寫錯字，累積的「改正」，更令他百上加斤。他習慣把這類功課拖到最後才做，結果往往捱到午夜還未完成，睏倦不堪之餘，有時還會大發脾氣。

對文字容易混淆

媽媽在子彥唸幼稚園的時候，已經發現他容易混淆「b」和「d」、「p」和「q」、「6」和「9」、「12」和「21」等。

直到現在三年級，仍會將「太陽」寫成「大陽」或「犬陽」，「sam」唸作「saw」，「潔淨」讀成「清潔」。

子彥在中文科成績最差，對重組句子及閱讀理解感到特別困難，默書溫習多遍後，仍然會不合格。英文科稍微好一點，唯獨容易串錯字。數學科則最理想，只要不用做文字題。此外，由於子彥讀寫速度慢，他總是不夠時間做完試卷。

家校合作幫助孩子

經過心理學家的正式評估，證實子彥有讀寫障礙，不僅中文程度追不上小三，更有語音檢索和字形結構兩方面的困難。心理學家建議媽媽嘗試用不同的方法，更有效地教導子彥認字和提升學習中文的興趣，例如運用部首、拆字法、圖像化、故事化及多種感官學習法等。學校知道子彥有讀寫障礙後，讓他參加中、英文特別輔導班，減輕他的抄寫功課量，在測驗和考試時，亦給他額外延長時間。同時，老師鼓勵子彥參加美術、音樂、體育等課外活動，發掘學術以外的潛能；也會邀請他擔任一些職位，令他有服務同學的機會，希望可以幫助他建立自信，更融入學校生活。

約一成學童患讀寫障礙

「讀寫障礙」是「特殊學習困難」最普遍的一種，現時約有一成學童患有不同程度的讀寫障礙。雖然這些學童的智力與感官發展皆正常，卻在認讀、書寫或拼字方面有顯著的困難。讀寫障礙大都是先天或遺傳的，研究發現這跟腦部處理文字功能出現異常有關，會影響孩子的專注、組織、分辨左右、語言處理、視覺和聽覺的認知能力；而且在處理信息的速度慢，運作記憶也較差。

讀寫障礙常見特徵

讀寫障礙常見的特徵包括：

- 書寫能力比說話能力差很多
- 即使重複溫習，仍容易忘記學過的字詞
- 混淆同音字、字形或字義相近的字
- 認讀或抄寫經常漏字、跳行
- 多寫、漏寫筆劃，或出現左右倒轉的「鏡面字」
- 閱讀時縱能辨別文字，卻未能理解文章內容
- 需用很多時間和專注力，去完成讀寫的作業

專注力弱 過度活躍症

專家顧問：葉妙妍 / 註冊臨床心理學家

　　專注力不足過度活躍症（**Attention-Deficit/Hyperactivity Disorder-ADHD**）是一種較常見的兒童發展障礙，病發率約為5%，男比女多兩至三倍。患者的徵狀可以只是注意力不集中，也可能主要是過度活躍及行為衝動，亦可以是兼具專注力不足及過度活躍。

個案：周身郁 冇時停

　　樂樂就讀小學二年級時，就被確診患有「專注力不足過度活躍症」。

　　「阿仔以前一日到黑冇時停，俾老師投訴上堂過位、傾偈、玩文具；出街又橫衝直撞，手多多搞人哋啲嘢。」

　　「食咗藥之後定咗啲，不過上堂仍然多嘴或者遊魂；屋企做功課都坐唔定、冇耐性、容易分心。」

「同佢講嘢左耳入右耳出，個書包亂七八糟，成日唔見嘢；考試粗心大意，唔係睇錯、答漏題目，就係寫錯字、計錯數。」

「同小朋友玩會亢奮失控，衝突收場；仲容易發脾氣，會尖叫、瞓地、郁手郁腳。」

「都係你唔識教仔，自細縱壞佢，嗌家越嚟越難搞！」

「唔好話你淨係識打打鬧鬧，搞到個仔學埋你啲牛脾氣，衝動又唔講道理！」

源於遺傳及生理因素

心理學家向樂樂的父母解釋，專注力不足過度活躍症主要源於遺傳及生理因素。研究發現患者的大腦前額葉部份異常，影響組織、規劃、專注、自控等執行功能。儘管患者到了青少年期，過度活躍的症狀會減輕，但由於專注力和自制力仍很弱，患者普遍在學業、工作、情緒、行為、家庭及人際關係等各方面出現問題。患者長大後容易有濫藥、酗酒、賭博及沉迷網絡等成癮行為，甚至交通事故、意外和犯罪率都會比一般人高。

健康規律的生活方式

樂樂的父母透過心理治療，領略健康規律的生活方式，簡單寧靜的溫習環境，以及安排耗用精力活動對樂樂的重要性。樂樂的父母亦致力建立良好的親子關係，運用有效的溝通技巧，教導兒子正確紓緩情緒及解決問題的方法。同時，樂樂的父母要清晰界定行為準則，貫徹即時執行獎罰制度，在行為管教上變得更一致、更有默契。

親子關係和管教方式

雖然家庭環境或教養方法並非致病成因，然而親子關係和管教方式卻與患者日常生活和社會的適應息息相關。如今樂樂的父母不再誤會孩子天性頑劣，也不再經常互相指摘；反而願意多理解和接受樂樂的障礙，同心協力支援他，克服成長的挑戰。

此外，樂樂的父母逐漸加強與學校社工和老師的溝通，增進校方對兒子情況的理解與關懷。近月老師開始利用課堂管理、教學調適及賞罰制度，提升樂樂的集中力和學習動機，稍後樂樂更有機會參加學校的專注力訓練小組呢！

追求完美苦惱之源

專家顧問：葉妙妍 / 註冊臨床心理學家

　　很多家長都覺得孩子在面對學業時，經常都表現得很懶散，不夠認真。然而，當孩子習慣過份追求完美，也會造成很多問題。如果孩子對學業過份追求完美，會形成很大的壓力，常常不滿意自己的表現，有可能會陷入焦慮、抑鬱和沮喪之中。

追求完美 加倍用心

　　周日的午夜，時針彷彿走得特別快。小詩一邊托着頭，一邊咬着筆桿，體內每個細胞都在煎熬。

　　「太晚了，快去睡吧！明早怎麼起床上學啊？」媽媽不住的催促。

　　「你不要管我！沒做完，我不會去睡！」小詩説。

　　媽媽説：「功課根本不計分，就算欠交，老師又不會罰你，緊張甚麼？」

　　「你不會明白⋯⋯交不出功課，我明天不要去上學！」小詩急得哭了。

　　其實小詩沒有「臨急抱佛腳」，她在書桌前，已經待了一整天。五百字的讀書報告，居然教她抓破頭皮，仍未動筆。

　　這個學期，小詩做功課越來越慢，開夜車已是司空見慣。她

不僅長了熊貓眼，人也像滾燙的水煲，家裏沒有人敢惹她。原來自從小詩寫的一篇文章，被老師在中文課上稱讚為佳作後，她在中文寫作上便加倍用心，卻總覺得自己寫得不夠好，自言不能破壞自己在老師心目中的形象。至於欠交遲交，更是罪大惡極。

過份追求完美 造成偏差

孩子盡責認真，對自己要求高，希望把每件事情做好，本來是值得讚賞的處事態度。不過，若他們過份追求完美，在學習上可能會導致以下問題：

- 為自己訂立很高的標準。
- 容許稍有瑕疵或錯漏，但往往與自己實際能力不相稱。
- 由於擔心做得不夠好，習慣拖延，結果習作堆積或延誤，令壓力百上加斤。
- 常常覺得有做不完的功課，每天只有工作，沒有娛樂，不夠休息，搞得身心疲憊。
- 自尊感脆弱，經不起挫折，甚至沒有勇氣嘗試；亦會聚焦及放大自己的缺點或失誤。
- 有很多思想謬誤，例如：「做不好這份功課，我就是個無用的人」、「我必須完美，別人才會喜歡我」。
- 因為不滿意自己，害怕面對失敗，又很在意別人對自己的評價，所以容易陷於焦慮、抑鬱、沮喪、自我懷疑等負面情緒。

引導遠離 追求過度完美

家長應怎樣引導孩子遠離過度的完美主義呢？

- 父母不宜對子女要求太高、過於嚴苛，或期望孩子實現自己的理想，令孩子覺得永遠無法達到父母的標準。
- 告訴孩子沒有完美這回事，應該多欣賞自己。
- 接受自己的缺點、錯失與不完美，提升孩子的自我價值。
- 多肯定孩子的願意嘗試，強調學習上的得着，以及努力完成工作上的滿足感；着重過程而非結果。
- 以開放的態度看待成敗，因為勝敗乃兵家常事，不用太自責。
- 常常教導孩子。
- 工作應按優先次序排好，再分拆成小步驟，訂立合理的時間限制，逐一順序處理；每完成小項目標可作鼓勵。
- 安排休息和娛樂的時間，紓緩學習的緊張情緒。

遇襲事件後遺症

專家顧問：葉妙妍／註冊臨床心理學家

　　在孩子的成長過程中，難免會遇上一些朋輩欺凌，或是不同形式如語言、肢體暴力對待，這會令他們產生陰影和影響情緒。但家長在對待事件的反應和處理手法，卻會為孩子帶來一些正面或負面的影響，足以影響小朋友日後的成長。

個案：受欺凌後 影響心理

　　家庭醫療轉介唸小六的志偉來見臨床心理學家。事緣兩個星期前，志偉如常去上游泳班。當他準備下水之際，有個高大肥胖的同學「肥仔」阻擋住他的去路，志偉立刻向教練反映。隨後在水中習泳的時候，肥仔趁機踢了志偉的肚皮兩下。

　　志偉回家向媽媽哭訴，媽媽馬上致電肥仔的母親投訴，要求肥仔和母親道歉兼賠償。志偉媽媽又到警署報案，再帶兒子往醫院驗傷。由於沒有表面傷痕，超聲波的結果也沒甚麼發現，醫生只有處方一些止痛藥。

　　過了四、五天，志偉仍然覺得肚皮疼痛，持續發惡夢，也不

肯再上游泳班；甚至在校內看到身形肥胖的同學，亦感到害怕
——母親便帶他去看家庭醫生。

保護兒子 氣忿難平

臨床心理學家初次見志偉時，事情剛發生了兩周。志偉肚子
已不再痛，噩夢也日漸減退；不過他仍舊拒絕去游泳。而且每當
在街上碰到身材胖胖的男生，志偉就會覺得心翳和肚痛，要趕快
繞道迴避。所以，雖然每天上學只需步行十分鐘，但現在媽媽每
天都親自接送他。志偉還表示，他對肥仔既恐懼又憎恨，一定不
會原諒他。

志偉的媽媽不想心理學家問及泳班遇襲事件的詳情，因為她
不想兒子感到不適，也擔心會增加他的心理負擔。然而，她提起
事件卻忿忿不平：

「我的兒子被欺負，教練根本沒有妥善處理！」

「泳池職員居然不肯協助提供證人！」

「肥仔的母親只想道歉了事，怎樣賠償對我兒子的傷害
啊？」

「現在志偉連跟家人去游泳也不願意……如果他不參加今年
的水運會，便會削弱他投考中學的競爭力！」

心態矛盾 陰影更揮不去

志偉的媽媽愛子心切，但心態卻十分矛盾：她一方面深恐提
及事件或遇見有關事物，會觸動志偉脆弱的心靈，她設法想保護
兒子。另一方面，她又想將事情鬧大，到處追究和投訴，令志偉
作為受害者的形象不斷膨脹，然後把所有責任歸咎他人，讓仇恨
的種子在志偉心裏萌芽滋長，令陰影更揮不去抹不掉。

需要時間 慢慢復原

心理學家讓志偉傾訴對事件的感受與想法，教他正確紓緩恐
懼和憤怒等負面情緒的方法。同時引導他從多角度分析事情，包
括導致肥仔踢他的原因、游泳時保護自己的方法、萬一再遇到
肥仔可能會出現的情況等。其實，志偉在事件後，再沒有受到威
脅，只是需要一些時間慢慢從後遺症狀中復原過來。所以家人不
用過份保護他，亦不需強迫他盡快恢復游泳，還可讓他嘗試自行
上學，逐步回復正常生活。

減肥過度變厭食

專家顧問：葉妙妍 / 註冊臨床心理學家

孩子踏入青春期，越來越在乎別人的目光，很介意別人對自己的批評，尤其是外表。為了得到別人的認同，孩子會越來越重視自己的外表和體重，除了變得貪靚之外，他們還會很介意自己的體形。但過量節食對青春期階段的孩子來說，可謂影響深遠。

追求「標準身形」

眼前的詠恩，教人不忍卒睹：夏季的校服裙，掩蓋不住瘦骨嶙峋的四肢；束起馬尾的長髮，突顯凹陷的臉頰、枯乾暗啞的皮膚。剛踏入青春期的女孩，身高5呎，卻只剩75磅的體重，很難想像她曾經有105磅。事緣差不多一年前，詠恩發現自己心愛的短褲竟然窄得拉不上褲鏈，又想起班上女同學談論「標準身形」時曾說過，某女藝人「對腳瘦得好靚」，不禁渴望自己可以擁有更纖瘦的美腿——於是她的「塑身大計」就正式開始了。

因減磅產生滿足感

起初，詠恩嘗試減少正餐飯餸的份量，再吃「消脂丸」，加

上拼命做仰臥起坐、跳繩、扭呼拉圈等運動，不用兩星期便立竿見影了。詠恩每晚站在電子磅上，看到當天又輕了半磅或一磅，那種興奮與滿足感，彷彿運動員持續刷新紀錄一般。

詠恩漸漸訂立越來越嚴苛的膳食規定，她稱之為「健康飲食習慣」：只吃菜，不沾肉；與瓜菜同煮的雞肉要去皮；餸菜盡量蒸焗，不可煎炸；外出用膳先把食物浸水去油去汁⋯⋯若家人不遵從，詠恩就大發脾氣。久而久之，詠恩會仔細計算每餐的卡路里，典型的早餐是半片麥包、幾粒果仁和半杯鮮奶；晚餐則為半碗菜、兩匙羹飯、半碗湯加半個水果。

減肥過度造成惡性循環

詠恩的體重不斷下降，但身子十分虛弱，每天疲憊不堪，早就沒有力氣再做運動，而且最少半年已沒有來月經了。此外，詠恩上課難以專注，做功課和溫習的效率也很差勁，往往煎熬至夜深始完成，但翌日又必須提早起床，皆因便秘要花不少時間如廁——如此造成惡性循環，令詠恩精神體力透支，不只學業成績大為退步，最近上學還屢次跌倒，再下去恐怕會隨時暈倒入院⋯⋯

想得到別人的認同

我請詠恩給我看她一年前的照片，原來那時候的她漂亮得多，與現在是判若兩人。我問面前反應緩慢、沒精打采的她：

「你的老師和同學看到你的轉變嗎？」

「他們說我太『骨感』了，不好看。我亦發現自己眼球突出，頭髮也掉多了。」

「你覺得那個時期的你，日子過得最快樂呢？」

「大概是唸小五那年吧！因為那時候最多朋友⋯⋯其實現在最不開心，自從我帶飯，許久沒有與同學外出午膳了。」

「那麼你想怎樣呢？」

「我要再瘦一些，再輕一點！」

詠恩患的厭食症，是飲食失調的一種。患者的問題根源在於自尊感，他們太在乎別人如何看自己，希望以完美身形贏得別人的認同。心理治療主要是讓患者正確了解影響體重的因素，以及過度節食的不良後果，實踐均衡健康的飲食習慣與控制體重的方法，糾正他們對身形和減肥扭曲了的偏差態度，重塑正面完整的自我形象，不再僅以外表來釐定自己的價值，才能全面擊退厭食症。

我孩子有甚麼問題？

專家顧問：葉妙妍 / 註冊臨床心理學家

你是否曾有懷疑家中孩子患上學習障礙？但經專家確診後，卻又發現不到孩子有任何問題，所以評估報告均顯示孩子是正常的。與此同時，家長會否想到原來是自己的育兒心態出了問題？家長是否願意相信，孩子的一切問題，原來出於自己？

懷疑有學習障礙

小學二年級的峰峰，考試主科從來不合格，引起學校老師的關注。憂心忡忡的母親，很想知道峰峰在學習方面，究竟有甚麼障礙。剪了韓式髮型、穿着醒目童裝的峰峰，坐在接待處的沙發上，全神貫注地玩遊戲機。其後，在面談中獲悉，原來峰峰只有兩母子在港，父親則在內地工作，不定期返港探望，但每次總會給愛兒買來很多玩具和最新的電子遊戲。

峰峰單獨接受學習能力評估時，最初有問必答，亦能跟從指示，表現合作。不過，峰峰每遇到困難之處，很快便放棄嘗試；稍有深一點的題目，一律以「不知道」來回應。而且，他不久便

對測驗失去了興趣和耐性，打着呵欠問道：「還有多少？」、「做完了沒有？」

對學習欠缺耐性

峰峰討厭寫字，字體猶如打風。發現寫錯了字，也懶得用橡皮擦，乾脆寫在本來的錯字上，變成兩個重疊的字。還有些需圈出答案的選擇題，簡直草率得看不清圈了哪個答案，最後惟有用「他講我圈」的方式完成。

終於等到中段休息，峰峰一臉委屈地走向在外面等候的母親：「媽媽，好悶啊！我不想做了！」母親示意我不要作聲，她抱起兒子，讓他躺在自己大腿上，像嬰兒般在耳邊哄他說：「乖，完成它吧！」峰峰只顧嚷着：「我的遊戲機呢？」

評估的結果出來了，峰峰智力正常，同時沒有讀寫障礙或專注力不足等特殊學習困難。我告訴峰峰母親，峰峰做測驗時的行為表現。

「他平日做功課的態度怎樣？」

「他有做的，有時拖很久，他會累呀！誰喜歡做功課呢？」

「你覺得他有多努力溫習準備考試？」

「他有溫習，他說自己已盡了力啦！」

「你認為他多科不合格，有甚麼原因？」

「他一時不小心，或者老師出了他不熟悉的題目吧！」

「看來峰峰需要功課輔導或私人補習的幫忙，最好是要求較嚴謹的。」

「我都試過了，他們全部沒有用，我自己教最適合不過了。」

「其實峰峰的問題，不是學習能力而是學習動機；要因應他的個性，找出提升學習興趣和動力的合適方法。」

「你說的跟學校老師沒兩樣，你找不到他的問題，根本幫不到我……」

問題在家長育兒心態

對於母親的不滿，我非常無奈——她說得對，我幫不到她找出孩子的問題；因為問題不在孩子，而在家長的育兒心態。希望母親能多學習教導下一代的正確態度和方法，早日洞悉問題所在，不要誤了孩子的將來。

兩小無猜同受欺凌

專家顧問：葉妙妍 / 註冊臨床心理學家

現時校園欺凌情況普遍，容易成為欺負對象的學童，包括外表或行為古怪、性格內向害羞、語言或社交能力較弱、有特殊學習障礙等。除直接參與欺凌的學生，亦有大多數的袖手旁觀者，同樣受到不同程度的影響。長期或嚴重遭欺凌的學童，可導致長遠的心理陰影，也有機會變為欺凌者。

個案：孩子需參加社交小組

琪琪的媽媽愁眉不展，不停向我憶述上周末家長日，班主任對琪琪的評語：學業操行尚可，惟性格魯莽衝動、容易激動、與人爭執⋯⋯學校社工建議琪琪應參加情緒控制及社交小組。

同遭班上同學排擠

媽媽告訴我，琪琪原是個天真率直、外向主動的女孩，從前在學校內不乏好友。話說去年琪琪升上四年級後，學校來了一位插班生小彬，因為他個子像琪琪般矮小，所以被安排一起坐在前面，兩人很快便熟絡起來。

小彬樣子土裏土氣的，説的廣東話也帶點鄉音，他穿着的是由學校畢業生所轉贈的褪色舊校服——同學們都嫌他骯髒粗野，

笑他口齒不靈光；故一塊兒排擠他，並改花名嘲弄他。

由於琪琪跟小彬感情要好，以往的好朋友都疏遠了她，兩人自然遭全班同學孤立了。更甚的是，同學們還取笑小彬和琪琪在拍拖，經常捉弄他們，拿他們做笑柄。

形成校園欺凌事件

一天，班長在小息派簿時，有同學嚷着不欲接觸到小彬的習作簿，以免弄污雙手；其他同學頓時起哄，引發當中幾個較頑皮的，將小彬的簿拋來拋去，可憐氣急敗壞的小彬束手無策。這時，琪琪終於按捺不住，挺身而出跟滋事者理論，最後與同學發生碰撞，驚動了老師。

琪琪的媽媽在家長活動日，發現其他家長用奇怪的目光看着她，又在她背後竊竊私語；甚至有家長問她，琪琪是否和小彬拍拖——教她不知好氣，還是好笑。媽媽曾經向老師反映，同學之間的欺凌事件，無奈老師不以為然：

「這些大抵是孩子之間的小誤會而已，過幾天就沒事了。」

「為甚麼別的同學都沒有受杯葛？是否自己該檢討一下呢？」

我跟琪琪談起同學間的相處問題，她又大又圓的眼睛泛着淚光，並且説：

「同學都不肯和我玩。」

「全班沒有人喜歡我。」

「他們覺得我糟透了！」

那麼琪琪怎樣看自己和小彬？會否考慮「棄暗投明」？

「我和小彬沒有錯，我知道是他們不對。」她斬釘截鐵地答：「不過，其實我很想大家一起玩啊！」

學校是社會縮影

琪琪的媽媽向我透露，已準備於下個學年為女兒轉校，只是琪琪不捨得她最好的朋友小彬。我很欣賞琪琪擇善固執、富正義感和不畏群體壓力的勇氣，可是心裏也替她難過。學校是社會的縮影，不免有恃強凌弱、歧視偏見、有冤無路訴、正義無法彰顯之類的事。孩子年紀小小，必須學習怎樣面對，就當作成長路上的磨練。不過，為人師表和父母，如果可多加體察、關懷與支持，受欺凌的孩子便不致孤立無援。

獨生子女心理發展

專家顧問：葉妙妍 / 註冊臨床心理學家

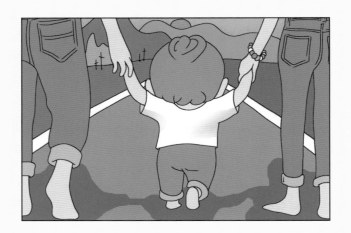

　　受社會現實環境影響，不論任何國家，一孩家庭都正在持續上升。但與兄弟姊妹的相處，卻是孩子在童年社交很重要的經驗，對他們日後成長有很大的影響。假如孩子是獨生子女，將會對他們的心理發展造成甚麼影響呢？

人際技巧實驗室

　　兄弟姊妹的相處，是童年社交經驗重要的一環。孩子觀察父母跟其他子女的互動，練習由父母身上學習的社交技巧，從而學會理解別人的想法，顧及對方的感受。在磨擦中，孩子可學習控制自己的情緒，嘗試用理論、協商、和解等方法化解衝突；而且還要跟兄弟姊妹分享家庭資源、生活空間和父母的關注，體驗妒忌、競爭、冷落、忍讓等複雜的社交情緒 ——可説是人際技巧的實驗室，朋輩關係的啟蒙。

　　有兄弟姊妹的話，可以在家庭發生紛爭或變故時互相扶持。在外面被孤立或欺凌，回到家裏，孩子仍有手足作後盾。此外，

兄弟姊妹陪伴的時間比父母更長久，在父母年老時，可以分擔照顧的責任，就是彼此的親情與共同度過的童年歲月，令手足關係舉足輕重。

獨生孩 4大性格特徵

然而，由於社會現實環境和養育子女的資源限制，一孩家庭正在持續上升。究竟獨生子女的心理發展有何差異？他們的性格是否會容易變得孤僻、驕縱及自我中心呢？

國內心理學家陳科文指出，獨生子女的性格有四大特徵：

❶ 自視較高，尊嚴、權威及親和力都強；
❷ 自我期望高，傾向追求完美；
❸ 自我優越感強，社交靈活性不夠；
❹ 在婚姻中，更渴望得到肯定和關懷。

問題隨年紀改善

香港基督教服務處的調查顯示，在本港的三至八歲兒童當中，只有14%及9%的獨生子女願意跟人分享玩具及零食；有兄弟姊妹者願意分享的，卻高達七成。

不過，獨生子女的性格問題，有機會隨着年紀而改善。美國社會學家Douglas Downey曾經研究過2萬名幼稚園生，發現獨生子女的同理心、自我控制及表達能力較差。其後再研究1.3萬名中學生，卻發現無論是否獨生子女，都被平均五個同學視為好朋友，證明獨生子女的社交能力，年長後可以有所進步。

性格受多種因素影響

另一個德國近二千名成年人的研究結果顯示，獨生子女不會比有兄弟姊妹的更自戀，兩者的性格特徵，包括對他人的開放性、成熟度、合作意願、獨立及自我控制能力，都沒有顯著分別。

誠然，一個人的性格，並非只是取決於有否兄弟姊妹，而是受多種相關因素影響，亦會因應成長經歷和環境而轉變。家長可以經常安排獨生子女，從小多與年齡相若的表兄弟姊妹，或朋友的子女聚會，讓孩子自幼學習與人溝通和相處的技巧，日後建立親密可靠、情同手足的朋輩社交網。

不良習慣損心理健康

專家顧問：葉妙妍 / 註冊臨床心理學家

　　香港人生活繁忙，夜睡晚起更是許多都市人的生活習慣，就算是雙職父母，既要忙工作，又要照顧孩子，家長在加班後夜了回家，自不然會讓孩子也稍為晚睡，爭取親子時間，但這可能造成孩子的不良習慣。

個案：依賴傭人生活放縱

　　學校建議父母替就讀小五的朗朗尋求專業輔導，因為他被老師投訴上課不是打瞌睡，就是發白日夢；他做的作業亦錯漏百出，成績每況愈下。而且朗朗容易情緒失控大發脾氣，最近更因同學笑他是「肥仔」而出手打人。

原來朗朗的父母由於生意繁忙，不時工作或應酬至夜深，兒子的日常起居，主要依賴家傭照顧。傭人自然投其所好──任由朗朗每天喝汽水、吃薯條炸雞即食麵，讓他沉迷打機或看電視到午夜。朗朗長期睡眠不足，放縱飲食，缺乏運動，不但削弱了他的學習專注和記憶力，還令其情緒容易煩躁不穩，導致他肥胖和體能差，甚至影響自我形象及朋輩關係。

健康生活模式

孩子一旦習慣了不良的生活習慣，對他們的心理和身體都會造成壞影響。正因為身心相連，孩子的身體健康和心理健康往往息息相關，相互影響。故此能建立健康的生活模式，是孩子發展的重要基石：

❶ **作息定時**：學齡兒童及青少年，每天最少需要睡眠10小時。睡眠不足會損害免疫系統、削弱集中和記憶力，令人焦躁不安；長遠更會容易發胖，影響身高發育及智力發展。

❷ **營養均衡**：依照香港衛生署健康防護中心「健康飲食金字塔」的飲食原則，6至17歲的學童，每天應進食兩份奶類、三至六碗穀物、兩至三份蔬菜、兩份水果、三至六兩蛋和肉類，以及六至八杯飲品；並避免進食多糖、多鹽、煎炸或加工食品，以及三餐需定時定量，少吃零食。

❸ **適當運動**：運動有助鍛鍊孩子的體魄，紓緩壓力，促進睡眠，提高學習效能。世界衛生組織建議5至17歲學童，每天最少進行60分鐘中等至劇烈強度的體能活動。這些正符合「香港世界牛奶日」，多年來一直積極宣揚的健康生活理念──Drink Move Be Strong，即每日攝取兩份奶類食物及進行適量運動，幫助兒童的身心健康地發展。

改善不良生活習慣

家長發現孩子有學習、情緒、社交或行為問題，當然必須先進行全面而詳盡的心理評估，包括孩子的成長背景、家庭關係、生活狀況、學校適應狀況，以及有否其他兒童精神障礙等。然而，假如能夠改善孩子的不良生活習慣，讓他們習慣早睡早起、飲食均衡、多做運動；再配合父母的關顧、學校的支援和適切的心理輔導，孩子才能早日踏上健康的成長大道。

孩子也會虐待動物？

專家顧問：葉妙妍 / 註冊臨床心理學家

　　儘管很多父母都覺得難以置信，不過兒童虐待小動物的行為，往往比我們想像的更為普遍。如家中孩子出現這種行為，父母宜先了解孩子對動物施虐的原因，以及這些行為背後的心態。

個案：虐待行為層出不窮

　　近日家中小狗瑟縮牆角顫抖，又不肯吃東西，達達的爸爸只好帶牠去求診。獸醫詳細檢查後，查問小狗有否遭受驚嚇或不合理對待──達達最終承認，自己因為不開心，用腳踢過小狗。

　　外傭戰戰兢兢地告訴婉雯的媽媽：昨天父母外出時，她嗅到家裏有一股燒焦的氣味，後來發現婉雯躲在房間，用打火機來燒飼養的倉鼠。雖然外傭答應過婉雯，不讓父母知道，但內心一直忐忑不安。

　　安仔邀請弟弟一起做「實驗」，對象是婆婆家的金魚：首先用竹籤快速插進魚缸，觀察金魚的避險反應；然後剪去魚鰭，看

看能否繼續游泳；最後是測試金魚離開了水，可以捱多久。

「他平日很乖，文靜又守規矩，連打人都不會。」

「他和狗狗是好朋友，常常一塊兒玩，我真的不敢相信。」

「可能他接觸到意識不良的資訊，或者有同學教壞他。」

虐待行為的背後心態

孩子出現虐待小動物的行為，有時候是因為純粹出於好奇或貪玩，又或是他們想嘗試恃強凌弱的滋味，或者是博取朋輩的認同；有的兒童曾經受到虐待或欺凌，因為對欺壓者無力還擊或不敢反抗，所以選擇暴力對待弱小的動物，以宣洩不滿與仇恨——心理學上稱為「轉移作用」，是一種心理防禦機制，用來減輕焦慮和痛苦；也有些虐待動物的兒童，存心折磨無辜的小動物，從他們的痛苦中獲得樂趣、滿足及快感。

殘酷行為或是「品行障礙」

「美國精神醫學會」的《精神疾病診斷及統計手冊》，將殘酷虐待動物列為「品行障礙」（Conduct Disorder）其中一項診斷準則。而品行障礙的患者，成年後有機會發展為「反社會人格障礙」（Antisocial Personality Disorder）。當然，要確診品行障礙，還要視乎有否暴力襲擊他人、毀壞公物、欺詐、偷竊、逃學或離家出走等嚴重行為問題。此外，虐待動物與暴力罪行的關係，多年來不同的研究結果仍存在分歧。

需及時糾正偏差行為

一般孩子虐待動物的程度通常較輕，只是少不更事，或者偶一為之。然而父母仍須及時介入制止，糾正這些偏差行為，以免情況持續或惡化：

- 教導孩子虐待動物是違法行為，須負上刑責；若孩子再犯，父母可施行適當懲罰。
- 從小教育孩子，生物皆有感覺，要尊重生命，愛護小動物，培養同理心。
- 不應以高壓或粗暴方式教導孩子，平日多與孩子溝通和表達關愛。
- 讓孩子學習紓緩壓力及負面情緒的正確方法。
- 假如孩子曾遭虐待或欺凌，可透過輔導來紓解過往不快經歷。

孩子的追魂Call

專家顧問：葉妙妍 / 註冊臨床心理學家

　　有的孩子雖然年紀小，也會過度擔心自己或家人的健康、安全、遭遇不幸等，導致失眠、焦躁不安、精神緊張、身心疲累，或難以專注學習。要協助孩子克服焦慮，必須找出背後的原因，才能解開擔憂的心結。

孩子停不了的焦慮

　　晴晴的媽媽很苦惱，因為女兒每天放學回家後，頻頻給她打電話，實在不勝其煩。

　　「媽媽，你今天幾點放工呀？」

　　「媽媽，你可以回家了嗎？」

　　「媽媽，你現在去到哪裏？」

　　最近數星期，晴晴的「追魂call」變本加厲。有時母親正在開會，不能接聽電話，晴晴可以不停打三十次電話。有次會議冗

長，晴晴找不到媽媽，便對着接電話的秘書又哭又鬧。

其實晴晴放學後要做功課，完成後又可以選擇各種玩意，家裏還有弟弟和較早放工回家的爸爸，按道理不會寂寞無聊，可是晴晴就是對媽媽放心不下。

「媽媽天黑才回家，可能會有危險呀。」

「她在路上可能會遇到交通意外啊！」

「她走路不小心，容易扭傷腳，她穿高跟鞋的。」

「在回家途中，碰到不正常的人，襲擊她怎麼辦？」

「在車廂也可以有炸彈，有恐怖分子......」

由於過份擔心媽媽的安全，晴晴無法集中精神做功課和溫習。這些停不了的憂慮，教她坐立不安、心煩氣躁，彷彿就要爆炸了——只好不斷打電話給媽媽。

分散注意力

我給晴晴提供一些政府的統計數字，證明香港的治安，是各大城市中最好的。因為犯罪率低，警方效率高；而且交通秩序良好，嚴重交通事故很少；加上規管嚴格，多數人奉公守法，鮮有槍戰、炸彈、恐襲等發生——晴晴終於放下心頭大石。

我提議晴晴在電話旁放置標語，提醒自己不要經常撥電話給媽媽；也可以在焦慮時，嘗試上網、彈琴或看圖書來分散注意力。另一方面，我請媽媽把工作的日程，預先知會晴晴；每天當知道何時能下班，便及早通知晴晴，以減低她來電查問的需要。同時，要求晴晴在媽媽沒空接電話時留下信息，不要不停打電話給她。

互相諒解 達成協議

一個月下來，晴晴的追魂call明顯減少了。不過，原來晴晴的憂慮不安，源於媽媽的工作太忙，放工回家的時間越來越晚。晴晴不滿媽媽給她的時間太少，在家裏總是在照顧弟弟。晴晴還要求媽媽轉工、做半職，甚至不去工作，可以多點時間陪伴自己。另一邊廂，媽媽也希望晴晴體諒她的苦衷，要兼顧工作和家庭並不容易，她的擔子一點也不輕鬆。最後她們之間有協議，每周安排一些媽媽跟晴晴獨處的時間，讓爸爸照顧弟弟，令晴晴感受到媽媽仍重視和疼愛她。

我不要去上學！

專家顧問：葉妙妍 / 註冊臨床心理學家

你知道甚麼是「上學恐懼症」嗎？原來患上「上學恐懼症」的學生，往往本來都是品學兼優，他們一般做事認真，自我要求很高，甚至追求完美；惟他們的性格亦傾向較敏感、緊張、膽小及內向，很在意別人對自己的評價。

身體不適要請假

學校社工建議媽媽帶阿芝去見心理學家，因為她已經差不多整個月沒有回校上課了。

起初阿芝早上準備上學時，因為肚痛要上廁所，耽誤了出門的時間。由於她不想遲到，加上疲累又頭暈不適，媽媽乾脆替她請病假，讓她在家休息一天。不過，阿芝早上頭暈肚痛，甚或作嘔的情況越見頻密，病假亦越請越多。媽媽帶她去諮詢過家庭醫生，也做過身體檢查，都找不到哪裏出了毛病。

避免直斥其非

　　唸小學時，阿芝一向名列前茅，結果考上了名牌中學。升上中一後，阿芝發現班裏同學的成績一山還有一山高，自己頓時給比了下去。而且，在一個學期以來，其他同學逐漸形成一個個小圈子，阿芝卻感到很難「埋堆」，她在小息和午膳時間總是形單隻影，既孤單又不自在。有次上課分組時，同學轉瞬間便三五成群，剩下她一個人，要老師幫忙入組，難堪得想找個洞鑽進去。

　　隨着曠課日久，阿芝開始憂慮課業追不上進度，她欠交或沒分的功課、作文、默書和小測日積月累；她又擔心老師和同學會怎樣看她，恐怕回校要面對他們。阿芝曾經多次在媽媽的安慰與鼓勵下，晚上睡覺前把書包執拾妥當，答應明天嘗試上學去。可惜到了第二天早上，往往躲在床上不肯起來，甚至又哭又鬧——兩母女的關係因而日趨緊張。

患「上學恐懼症」

　　阿芝並非逃避上學所以「詐病」，而是患上了典型的「上學恐懼症」。患者主要在上學的日子，才會出現頭痛、暈眩、作嘔、心悸、胃痛、腹痛或寢食不安等壓力症狀，其實是他們的自主神經系統受到焦慮情緒影響的生理反應。假如可以留在家中休息，症狀自會不藥而癒。

由不愉快學校經歷所致

　　患上了「上學恐懼症」的學生，當中有不少皆由不愉快的學校經歷所觸發，例如考試逢挫敗、備受同學欺凌、遭老師責罰等。此外，這些學生可能同時患有分離焦慮症、社交焦慮症、廣泛性焦慮症或抑鬱症等情緒病。

　　要處理「上學恐懼症」，心理學家必須先仔細評估及了解患者害怕上學的原因，教導他們有系統，並循序漸進地面對自己的恐懼，調整不合理的期望，加強壓力管理、人際相處技巧及解難能力。同時還要跟家長、老師、學校社工等保持緊密聯繫，學生或可因應情況暫時豁免功課、考試或安排彈性課堂調適，攜手協助學生早日克服上學障礙，重新適應校園生活。

為甚麼孩子要裝病？

專家顧問：葉妙妍／註冊臨床心理學家

　　年幼的孩子裝病，較常偽裝或誇大身體的病徵，例如頭暈、頭痛、胃痛、肚痛、作嘔、發燒、抽筋、受傷等。稍年長的孩子，亦可能會假裝心理上的症狀，好像失憶、抑鬱、焦慮等。為人父母，往往最關注子女的健康，一旦孩子「頭暈身㷫」，即化身緊張大師，立刻讓孩子留在家休息，對他們關懷備至，甚至千依百順。

個案：「詐病」不想返學

　　母親早上催促軒仔起床，軒仔表示身體不適，要求母親向學校請假。母親心裏充滿疑惑——最近軒仔請病假越來越頻密，早上醒來不是頭痛便是肚痛；有時上補習班或樂器班前，也投訴身體不舒服，要留在家休息。不過每次看醫生回來，身體便彷彿不藥而癒，如常在家玩個不亦樂乎。

個案：「虛構症」博關心

　　小菁今年已經第三次留院檢查了。她曾經在半夜表示胸口劇痛，透不到氣，嚇得家人立刻送她到急症室。小菁也試過持續胃

痛，引致作嘔及食不下嚥。醫生給她詳細檢查，卻找不到病因。直至有天，家傭發現小菁偷偷躲在洗手間扣喉，然後請家傭致電父母，説她嘔吐不止，要趕快去醫院。

虛構症狀 屬心理問題

軒仔和小菁兩個個案，都是故意製造或者假裝一些症狀，但原來屬於兩種不同的心理問題。前者是「詐病」（Malingering），後者則是「虛構症」（Factitious Disorder），分別在兩者的動機。「詐病」的動機通常是明顯的好處或逃避責任，例如躲懶、貪玩、不願上學、討厭功課等；而「虛構症」並無明確的外在誘因，只是藉症狀來扮演病人的角色，從而獲取別人的注意、關心或同情。孩子如果裝病後達到目的，他們的症狀便會隨即好轉；若孩子無論怎樣裝病都達不到目的，他們的症狀也會自動消失。

父母可觀察判斷

一般來説，父母可以憑觀察初步判斷子女的病情，決定可否讓他們嘗試上學。若有不適，可以告訴老師，到病房或教員室稍事休息，或早退回家。假如父母不確定子女是否真的生病，可以帶他們去看醫生。「詐病」的孩子因怕被揭穿，看醫生可能會表現不合作，或容易露出破綻。但「虛構症」患者反而多樂於接受醫生的各種檢查和治療，包括吃藥、打針，以至住院。假如父母對「詐病」或「虛構症」的孩子過份關懷備至，或千依百順，便會令他們更有恃無恐，變本加厲。

了解背後原因

當證實子女裝病，父母必須及早面對，否則演變為長期問題；若延續至成年的話，就更加棘手了。首先，父母要積極及冷靜處理，可以心平氣和地向孩子指出，事實上他們沒有生病。除了勸導孩子要誠實，亦需耐心與他們溝通，盡量了解行為背後的原因。例如孩子逃避上學，是遇到學習困難，功課、默書等壓力大，怕老師罰，還是跟同學相處不來？孩子愛扮生病，是曾在病榻上過度受呵護，還是長期缺乏照顧，渴求注意和關愛，抑或令關係不和的父母、家人轉移視線？總而言之，無論「詐病」或「虛構症」，都要針對問題源頭，方能對症下藥。

孩子有甚麼願望？

專家顧問：葉妙妍 / 註冊臨床心理學家

　　有名人説過：「心中沒有願望，等於地上沒有空氣。」對未來懷着一份期待，盼望理想實現的一天，可以成為積極生活的動力，讓日子過得更有意義。兒童作為明日的主人翁，我們不妨多聆聽他們的心聲，感受他們的童真，了解他們的小腦袋究竟在想甚麼。

　　通常孩童的願望，大致可以分為以下4類：

1. 物質享受

「多些零用錢」

「買Lego/公仔/爆旋陀螺……」

「要遊戲機/智能電話/平板電腦」

「居住環境更理想」

「去日本/歐洲……旅行」

2. 達到自己、父母、老師的要求

「考試平均90分/十名以內/考入名校」

「做班長/科長/風紀」

「交齊/專心做功課」

「贏比賽/晉級試成功」

「早睡早起/減肥/有手尾/少些打機」

3. 對他人的期望

「父母減少吵架/發脾氣/沉迷用手機」

「兄弟姊妹/同學不再欺負我」

「老師不要常常責罰我們」

「班裏有多些好朋友」

「換個工人姐姐」

4. 宏觀願望

「身體健康」

「社會和諧」

「經濟繁榮」

「世界和平」

「地球環境不要再惡化」

年紀越大 越不快樂

近年發佈的訪問調查發現，港孩的願望都有共通之處，就是渴望減少或不用做功課、增加遊戲或休息時間，以及自由選擇課外活動。此外，年紀越大的孩子，越不快樂。

香港社會物質相對富裕，兒童也不乏教育機會，卻要面對冗長的學習時間，排山倒海的功課、補習、培訓班、默書、測驗、考試、比賽……

小小年紀的人兒，已承受巨大的壓力，不單剝奪了快樂無憂的童年，還在成長中威脅着孩童的身心健康。教人心痛的是，很多走上絕路的學童，正是覺得未能符合父母的期望。

為人父母者，總會祝願自己的孩子「身體健康」、「學業進步」。希望可以同時關注孩子的心理健康，摒棄競爭和比較的心態，多欣賞孩子付出的努力，少追求分數與名次，讓孩子明白父母的期望之餘，也感受到父母無條件的愛。

孩子的喪親之痛

專家顧問：葉妙妍 / 註冊臨床心理學家

　　對於經歷喪親之痛，成人尚且也未能輕易應付，何況是孩子。當孩子經歷喪親之痛後，有可能會出現情緒問題，如經常發脾氣、不能集中精神應付學習等。如小朋友的家庭發生了變故，孩子或許有需要尋求專業的心理輔導。

個案：父母相繼身故

　　六年級的小謙幾天沒有上學，班主任始獲悉，原來他家中發生了變故。但是小謙不願意跟老師或學校社工多談，課堂上失魂落魄，小息時呆坐一旁。於是班主任提議與他同住的外婆，替小謙尋求臨床心理服務。強忍淚水的婆婆向我慨嘆，小謙跟父母緣薄：小謙生於單親家庭，當年他未出娘胎，父親便在工業意外中不幸身故。天意難測，小謙的母親上月在上班途中突然昏倒，送往醫院後，證實不治。婆婆帶着小謙趕到醫院，已來不及見母親最後一面……此後小謙只能跟婆婆相依為命。

情緒出現問題

　　婆婆發現小謙近來很容易就發脾氣，常常躲在床上哭；在夜裏特別怕黑，聽到聲音後，會驚「有東西」出現；他不肯關燈睡覺，要求婆婆陪他一起睡。小謙又告訴婆婆，他上課很難集中精神，唸書也「記不入腦」。

　　婆婆執拾小謙母親的遺物時，小謙甚麼都不讓她丟掉，因為他實在不捨得，擔心會失去絲毫對母親的記憶。此外，小謙在周末並不願意外出，他不想看到別的孩子跟父母樂聚天倫，更害怕學校的親子活動和喜慶節日，會令自己觸景傷情。

生活習慣盡量維持不變

　　我請婆婆將小謙以往的生活環境和習慣，盡量維持不變；平日多陪伴他，讓他有安全感；當他偶爾情緒不穩時，給他一些空間；現時學習表現大不如前時，亦可以暫且接受他。

　　最初，小謙對我是不理不睬的。他直言不想老師關心他，亦不想同學知道他的事。小謙不愛跟同學聊天，皆因他們每當談及父母，就會觸動他的傷痛，「同學家裏都是正常的，他們怎會明白？你從小也有父母的，不是嗎？」我坦承自己沒有與他同樣的經歷，不可能完全體會他的感受。但我說我也曾經失去至親，可以想像他一定很難受，很不容易度過。

　　漸漸地，小謙願意敞開心扉：「我好掛住媽媽，經常記起她幫我溫書，跟我玩耍……我閉上眼就會想起她。」

　　「好後悔以前不聽話，甚至發脾氣、頂撞她，教她生氣。」

　　「有時我一覺醒來，希望會見到媽媽在家……不知道她在哪裏？我好驚婆婆會死，如果她也走了，我怎辦？你說每晚祈禱有用嗎？」

用其他行動表達思念

　　我和小謙一起構想，可以為母親做點甚麼？編紀念冊，他怕看到往昔的家庭樂照片；種植盆栽，他又驚植物會枯萎。最後他想到買一個錢罌，每天投進一枚硬幣，以表達對母親的思念。

　　「最近我還有夢見媽媽。」

　　小謙雙眼閃着淚光：「我決定要用功讀書，因為以前媽媽經常教我：讀好書才有出色！」堅強懂事的孩子，我衷心祝福他早日心願達成。

家有特殊孩子

專家顧問：葉妙妍 / 註冊臨床心理學家

　　每位新手父母，在面對新生命降臨在自己的家庭時，最害怕面對的，便是孩子一出世便證實患有先天性的缺憾；不論是身體或是精神上，父母們往往難以接受。要學懂接受和應對，並不是一件容易的事；而很多父母也需要一段時間，才能調適自己的心情和自責感。

個案：兒子患輕度智障

　　王先生和王太都是執業律師，婚後三年誕下兒子康康，當時夫婦倆感到家庭生活十分美滿幸福。可惜好景不常，康康到歲半尚要扶着物件走路；兩歲還未懂説單字，兒科醫生懷疑他「發展遲緩」——王家頓時晴天霹靂。為了協助兒子，王太毅然辭去工作，每天風雨不改，帶康康去接受言語治療、大小肌肉訓練；回家再加緊練習，希望兒子能追上同齡孩子的能力水平。到了五歲半，康康終於被評定為「輕度智障」，需入讀特殊學校——兩夫妻感到異常絕望，猶如被判了死刑。

不能接受 逃避責任

　　王先生不能接受康康：「我兩夫婦都咁叻，怎會生下這樣的

孩子？」

「真不想朋友或同事知道，我有個弱智的兒子。」

「他行動笨拙、口齒不清，看到他，我就不好受。」

「他出生時很可愛，我期待他長大後，跟我一起踢足球，甚至將來繼承我的衣缽⋯⋯如今甚麼希望都粉碎了！」

此後，王先生經常早出晚歸，不是工作忙、有應酬，就是約了朋友去踢足球。偶爾全家一塊外出，王先生總是遠遠的走在前頭，讓拖着康康的王太在後面拼命追趕。在外面吃飯時，王先生就像陌生人「搭枱」般，只顧在旁看智能電話。他很少跟康康說話和玩耍，也從沒有接送過康康。至於出席學校活動就更不用說了。

智障患者 病因不明

另一邊廂，王太不斷在思前想後：

「究竟我懷孕、生產和育嬰時犯了甚麼錯？」

「我前生作了甚麼孽，所以會生下這樣的兒子？」

「他是否一生需依賴父母生活？將來我百年歸老後，他怎麼辦？他會否受人欺負或誘騙？」

後來，有心理學家向王太解釋，雖然一些智障個案是有遺傳或環境上的因素，不過大部份患者都是成因不明。而且輕度至中度的智障人士，透過適當訓練，他們是可以學習生活技能，照顧自己，並從事簡單工作，以及融入社會。

與其他家長 互勉互勵

王太逐漸從自責中釋懷，積極投入照顧康康。加上，她在特殊學校中，看見不少更嚴重或同時患有身體殘疾的學生，王太自覺康康已屬較幸運的一個。她又參加了學校家長支援小組，跟其他家長交流心得，互勉互勵，不再感到孤軍作戰。

最近，王太嘗試要求王先生每天替康康洗澡，和逢周六接送他往童軍活動。王生也在不自覺中，尋回自己於家庭裏的位置與重要性，跟兒子的感情也深厚了。

「現在他越來越多留在家中了。」王太欣慰地說。

「康康見爸爸回來，會熱情地跑去迎接他。」

「有東西吃，他一定要留一份給爸爸。」

王先生也發現，其實康康很喜歡陪他一起在家中看球賽呢！

自我應驗預言

專家顧問：葉妙妍／註冊臨床心理學家

　　在心理學上，原來一個人的信念或期望，會影響到他的行為表現，結果令預言真的實現，即所謂「自我應驗預言」。「自我應驗預言」，有好，也有不好，如何令「自我應驗預言」出現正面的效果，也是可由人為控制的。

個案：缺乏自信 易受人影響

　　就讀中二的阿華隨母親來見臨床心理學家，因為阿華沒有自信，容易受人影響，又不喜歡自己。母親開口便滔滔不絕：

「同一條起跑線，佢就係跑得慢過人！」

「佢讀書蠢，有時教極都唔明，將勤補拙都冇用。」

「今個學期仲差，連主科都唔合格！」

「我睇佢都唔係讀書材料，不如早啲學一技之長仲好。」

可憐坐在一旁的阿華，一副垂頭喪氣的樣子。

　　其實阿華唸小學時，成績中等，力學守規。升上中學後，儘管仍然用心向學，但成績卻每況愈下。加上他覺得補習花費不少，亦不保證有幫助，故此不願意尋求補習幫忙。

　　於是心理學家向阿華兩母子，講解了「自我應驗預言」及「比馬龍效應」，希望他們能有所啟發。

「比馬龍效應」

美國社會學家莫頓（Robert.K.Merton）在1948年提出「The Self-fulfilling Prophecy」，即「自我應驗預言」──一個人的信念或期望，會影響到他的行為表現，結果令預言真的實現。「比馬龍效應」（Pygmalion Effect），為「自我應驗預言」的正面效果，就是假如對學生或下屬的期望較高，他們的表現會更好。在希臘神話中，比馬龍是塞浦路斯一位出色的雕刻家，他愛上自己用象牙精心雕成的美女雕像，遂祈求愛神賜他如雕像一樣的新娘。終於精誠所至，金石為開，雕像化身成人，與比馬龍結為夫妻。

寄予期望 可產生相應效果

美國心理學家羅森塔爾（Robert Rosenthal）和雅各布森（Lenore Jocobson），在1968年做過一個經典的實驗。首先，研究人員在加州一所小學，替各級學生進行智力測試；然後通知老師，那些是將會取得好成績的資優學生，並要求他們保密。八個月後，實驗人員發現這些資優學生，在智力重新測試、學業成績，以至品行評語上，都比其他學生有顯著進步。但原來這些所謂資優學生，只是隨機抽出20%作為實驗組的學生，和智力測試的結果根本無關。這個研究印證了「自我應驗預言」，說明如果老師對學生寄予期望，很可能產生相應的行為，令學生達到預期的表現。另一方面，學生感到老師的重視、關愛和鼓勵，因而提升了自信與學習動機，刺激他們積極向上，最後促成老師預期的進步──羅森塔爾和雅各布森，將這個現象稱為「比馬龍效應」。

應驗結果 由人控制

往後同類研究相繼證實，師長對學生的期望，會影響學習效果。阿華升中後成績退步，就被貼上「讀書比人蠢」的標籤，教他相信自己不是讀書的料子，認為學科程度非常艱深，無論怎樣用功也不能合格。所以他會選擇性地留意自己的弱點和別人的批評，逐漸變得無心向學，面對考試必不戰而降。那麼成績不如理想當然應驗了，而且進一步強化他「讀不上」的看法，造成惡性循環。反之，母親若對阿華能有所期望，肯定他的學習能力，協助他改善學習方法，勉勵他奮發上進，結果進步的期望最終真的會實現呢！

資優兒培育的挑戰

專家顧問：葉妙妍 / 註冊臨床心理學家

　　資優通常指智商達**130**或以上，於特定學科表現天賦過人，或在藝術、音樂、體育、創意、領導才能等某方面有卓越的資質。不少資優兒童的學習進度，比同齡孩子顯著超前，但在體能、情緒、社交或自理等方面的發展，並不同步。

個案：資優兒童需要栽培

　　1979年，香港曾有一位年僅七歲的速算神童羅文輝，在電視節目《歡樂今宵》中，即席表演四位加減心算，快過使用計算機的主持，因而聲名大噪。可惜神童輝未獲適當栽培，只是被逼訓練心算和表演，升中後對數學和理科失去興趣，長大後成為平庸的肉食工人。

資優兒可能出現的問題

　　有些資優兒童，例如科學能力高別人幾班，但他們的情緒控

158

制和社交技巧卻很弱，日常生活仍然依賴家人照顧。資優兒童可能出現的問題如下：

- **學習方面：** 由於精力旺盛、好奇心強、想像力豐富，他們在學習時容易分心，對正規課堂感到枯燥乏味。資優兒童喜歡自創非標準答案，尋根究底地不斷提問，亦可能會不守規矩，甚至挑戰權威。

- **人際方面：** 資優兒童覺得自己的想法、興趣等與眾不同，不被人理解和接受，跟同輩格格不入，落得孤獨無助的景況。他們有些為了避免遭受排斥或被誤會恃才傲物，故刻意隱藏自己，在學業上自暴自棄。

- **性格方面：** 資優兒童一般較敏感和易受傷害，情緒波動大，對錯失和批評反應強烈，傾向與人比較，過份追求完美，對自己要求太高及難以接受挫敗，導致拖延、不肯嘗試、抗拒挑戰、自信心弱等問題。

培育資優兒童6項建議

❶ 資優孩子的看法、情緒和行為往往被視為異常、過激或反叛，其實他們需要別人的了解、體諒和包容，並引導他們認識和接納自己，建立正面的自尊感。

❷ 孩子在不同方面的能力差異可以很大，亦自然有弱項和缺點，不過他們多數不自知或察覺，也不懂得求助，所以必須為他們提供協助，例如情緒社交訓練。

❸ 家長不要因孩子資優而抱過高期望，甚或揠苗助長，免其承受沉重壓力。父母應順應孩子的成長步伐，尊重他們的興趣和意願。家長宜嘉許他們正確的學習態度和付出的努力，而非着眼於他們的能力和成就。

❹ 注意孩子的作息有序與均衡發展，適當地安排學習、活動及休息時間。除了提供機會給他們學習感興趣的項目外，還要讓孩子接觸不同的範疇，擴闊他們的視野，不要只顧發展專長。

❺ 不可因孩子資優而過度遷就或縱容不當的言行，最好從小培養孩子自律守規，明辨是非及行為後果，清楚訂立行為準則，並切實執行獎罰制度。

❻ 善用教育局、資優教育學苑及各大專院校為資優生提供的培訓課程和支援服務。此外，多與校方緊密溝通及互相配合，共同為孩子的學習、情緒、社交及行為問題提供適切協助。

學會感恩不再奉旨

專家顧問：葉妙妍 / 註冊臨床心理學家

　　現今孩子生活在富裕的城市，物質生活過盛，再加上香港家庭少子化，每個孩子都是家中的小寶貝，被長輩和父母呵護着長大，猶如溫室中的小花，讓他們覺得生活中所得到的都是奉旨，理所當然，甚至不懂得感恩。

個案：凡事都奉旨

　　生日會上，同學送洋洋一架玩具車作生日禮物。洋洋瞄一眼説：「咁嘅車仔，我屋企大把啦！」

　　父母帶小芬到酒樓跟親戚晚膳，小芬一馬當先夾走多件蝦多士。身旁的姑母給小芬夾菜，小芬大叫：「我唔食菜㗎！」

　　婆婆接恆仔放學，替他揹大書包，恆仔自顧低頭打機。他突然問：「有冇果汁？」婆婆連忙拿出一盒果汁並插好飲管，恆仔催促：「快啲啦，好口渴呀！」穎穎逛街時，「扭計」要買玩具，媽媽解釋剛買了童裝和文具，錢差不多花光了。穎穎繼續大吵大鬧，「你去撳機咪有囉！」

養成奉旨心態原因

❶ 照顧者日常過份照顧，事事代勞，孩子視被人服侍為應份，變得極度依賴，自理能力低，毫無責任感；

160

❷ 孩子有物質富裕、消費主義、人有我有的心理，加上親友及節日饋贈，導致他們自小物慾泛濫，不問付出，不懂珍惜；父母「給子女最好」的心態，令孩子認為「父母的錢就是我的錢」，理所當然地當父母「人肉提款機」，只會索取，不知回報；

❸ 少子化令孩子如珠如寶，家人有求必應，千依百順，形成孩子凡事以自己為先，處處要人遷就順從；

❹ 父母忽略待人接物正確的身教和言教，孩子對人頤使氣指，愛挑剔埋怨，「唔該、多謝、請問、唔好意思」等欠奉，經常無禮兼失禮。

為何要懂得感恩？

學會感恩的孩子，會明白擁有並非必然，因此他們懂得珍惜善用物品，帶着知足常樂的幸福感。他們也知道自己享有的，是父母辛勞的成果，所以學會感激與回報。而且習慣承擔一己責任，個性獨立，對照顧自己的能力更自信。此外，懂得尊重、體諒、幫助別人、與人分享及謙遜有禮，孩子自然受人歡迎和欣賞。

教導感恩9大法

❶ 父母應以身作則，日常生活不可太依賴或使喚外傭，多尊重及感謝為自己服務的人；

❷ 對孩子勿服侍太周到，要適時放手，並鼓勵一起參與家務；

❸ 「再富也不能富孩子」，物質提供要適可而止，教導孩子分辨「需要」和「想要」；

❹ 戒奢侈、浪費，孩子遺失或損壞物件需負責任，不會隨便買新的；

❺ 明言金錢是父母辛苦耕耘得來，故孩子要學習先付出，例如做到要求始獲獎勵；

❻ 讓孩子學懂豐衣足食非必然，日常吃的、穿的、用的......都要心存感激，莫習慣挑剔抱怨；

❼ 別人的恩惠需銘記於心，知恩圖報，要供養、照顧和關懷年長的父母；

❽ 從小注重品格培育，父母作好榜樣，教導孩子尊敬長輩、以禮待人、扶助老弱及為人設想；

❾ 有空帶孩子做義工，探訪及幫助有需要的人。家長也可藉着說故事、看圖書、電視電影等啟發孩子，培養一顆感恩的心。

孩子愛逃避怎麼辦？

專家顧問：葉妙妍 / 註冊臨床心理學家

　　很多孩子在面對問題時，都習慣採取逃避應對的方法，家長總會誤會他們是懶散、缺乏動機，於是在家裏上演一場又一場吵鬧，家長埋怨子女做事不夠積極、不夠認真，但孩子卻怨懟父母給予太大壓力，令他們不敢面對。

採取逃避應對

　　「我女兒很着緊的閱讀報告，後天就要交了，但我每次提醒她，她不是推說現在很忙，遲些再做；就是抱怨無心情，不想做了！」「我的兒子一天到晚擔心下星期的考試；但我卻發現他每天都玩手機、睡午覺，卻不見他勤力溫習。」你的孩子在學習方面，每當遇到困難或重要事情，總是傾向迴避嗎？這種現象，並非他們純粹懶惰、缺乏動機或慣性拖延，而是面對壓力或焦慮時，採取的逃避應對（Avoidance Coping）。

了解逃避背後心理

　　當人碰到恐懼或壓力大的事情，避之則吉的退縮反應是自然不過，因而採取自欺欺人、短暫抽離、刻意做點別的事來分散注意力等策略。逃避應對確實能夠即時減輕壓力，紓緩緊張的情緒。可是由於問題沒有解決，焦慮很快再現，還會加重困擾和挫敗感。長遠可能習慣逃避，錯失學習有效處理壓力的方法，對自

信心和自我效能感亦有負面影響。

逃避應對 6大原因

首先，家長要明白孩子想逃避應對的原因：

❶ 追求完美，擔心自己做得不夠好，或期望找到一個最好的方法或狀態才開始做。

❷ 自信心不足，相信事情很困難，自己不夠能力應付。

❸ 太在乎別人對自己的看法，害怕面對失敗。

❹ 認為臨近死線的時候，便會有動力及高效率完成工作。

❺ 覺得強迫自己做沉悶或沒興趣的事，只會帶來痛苦。

❻ 反抗權威，爭取主控權，所以用消極方式抵抗。

9方法協助習慣逃避孩子

家長可如何協助習慣逃避的孩子？可留意以下9個方法：

❶ 應理解、肯定和接納孩子的憂慮、畏懼、煩躁、不安、無助、沮喪等負面情緒。

❷ 不要怪責他們懶散、懦弱、無用⋯⋯他們的自尊感已經岌岌可危，切勿再落井下石。

❸ 鼓勵他們表達自己的想法和感受，例如覺得事情困難的原因、心裏在擔心甚麼等。

❹ 先陪他們一起做些運動或鬆弛練習，紓緩一下壓力過大的繃緊狀態。

❺ 引導他們正面和多角度思考，例如完成工作的好處、過往成功的經驗等。

❻ 跟他們共同訂立合理的要求，將工作分拆成小步驟，制訂時間限制，循序漸進地處理。

❼ 完成每一項小目標，可以稍作休息，或得到小獎勵，增強信心和動力繼續下去。

❽ 工作過程中，注意環境盡量不受干擾，包括遠離睡床、電子產品及消閒書刊等。

❾ 教導他們不用以別人評價釐定自我價值，多欣賞自己，用開放態度看待成敗，願意嘗試和努力比結果重要。

當孩子能夠鼓起勇氣面對事情，完成任務，便會發現原來事情沒有預期中困難，自己的應付能力，也並非想像的那麼不濟，自然更有信心迎接日後的挑戰。

孩子需心理輔導嗎？

專家顧問：包嘉蕙 / 註冊臨床心理學家

　　家長處理孩子的行為情緒時，經常遇到不同的困難，有時會感到束手無策。其實，孩子跟成年人一樣，他們也會在生活中遇上不同的問題，例如：功課壓力、朋輩間的衝突等，而父母和師長對他們期望過高，也會為他們帶來某程度上的壓力。

用心理學評估行為

　　「孩子每遇到不如意的事情便會大聲喊叫，又亂丟東西，情緒很容易失控！」、「他常常寫錯字，逃避做功課，而且溫習後，一會兒便把內容忘記得一乾二淨。」、「唉！老師常投訴他上課時不專心，又喜歡離開座位，影響其他同學學習，我真拿他沒辦法！」相信很多家長也曾遇上這些情況，並為此而感到煩惱；假如家長不懂得處理的話，臨床心理學家也許能夠幫助他們。

心理學家會通過心理學理論和方法，去評估和理解人的思想和行為，然後運用科學化的理論去治療有需要的兒童及青少年。他們的評估範圍包括：智力、專注力、情緒及行為、讀寫障礙、自閉症、注意力不足及過度活躍症等。

香港註冊臨床心理學家並不多，猶記得筆者剛執業時，朋友總是喜歡問：「你知道我在想甚麼嗎？」、「你看得出我有甚麼問題嗎？」其實心理學家不是占卜師，更不是神仙，他們只是懂得用心理學的理論和方法，去評估和治療有需要的人。而評估和治療的過程，可能會維持八至十二節，有時甚至會用上一年或以上的時間，因為心理學家並不是一眼便能看穿別人的感覺和思想。

心理問題影響行為

孩子在成長期間，會遇到不同的困難和壓力。筆者曾接觸某個個案，記得初見文文時，他的行為問題很嚴重，他活躍衝動、容易動怒，差不多天天都跟父母、老師或同學發生衝突。經過評估後，筆者發現文文的智力和專注能力皆不錯，但他卻隱藏着很多負面情緒。因着文文的活躍和衝動，他從小就接受很多負面的評語，他慢慢變得很難與人建立深入的關係，對別人的批評亦變得非常敏感。

每當感到不安，文文便會用暴力去處理和保護自己。在治療過程中，筆者協助文文分析自己的思想，找出他認為不合理的地方，並教導他應以正面的思想代替，以及學習解決問題、控制情緒和建立正面的社交技巧。經過三個多月的治療後，文文已懂得控制自己的情緒，和接納他人的意見，而他發脾氣的次數亦減少了。

建立積極樂觀思想

心理學家不是孩子長期情感依附的好對象，他們只是希望孩子在學習新的技巧後，能建立積極樂觀的思想模式，從而在一個自然環境中，與身邊的親人、師長，或朋友建立健康、互信的關係，和享受同伴相處的樂趣。記得之前為一個親人剛離世的孩子進行哀傷輔導時，聽他訴說他的傷心、無助和憤怒，令筆者也感到很難過。而通過心理治療，能提升孩子的抗逆能力，讓他們建立正面的思想模式，可令他們未來的人生道路較為平坦。

童言無忌點算好？

專家顧問：徐惠儀 / 親子教育工作者

現今社會充斥着怨憤、譏諷謾罵的氣氛，孩子在耳濡目染下，似懂非懂地跟着潮流走，以為這是大眾認同的應對方式，無傷大雅的説話。童言無忌，但當孩子經常習以為常，把無禮的惡言惡語掛在口邊，必定惹人討厭，破壞他們的人際關係。

正向言詞 由自身做起

爸爸説明天一定會給孩子買他喜歡吃的雪糕；孩子回他一句：「你呃人，唔好講大話。」

媽媽叫孩子收拾一下床上的東西，方便她一會兒換床單；孩子卻嫌她嘮叨，大聲説：「嗱家係我主場，我冇畀你講嘢。」

166

一場特首競選辯論，教孩子學會了好些叫人啼笑皆非的說話，欠缺幽默的家長或會沉不住氣，跟孩子動干戈，來一場親子罵戰。

教孩子好話好說，才可以讓他們成為一個受歡迎的人。所謂孩子的溝通模式，大多源自最親近的父母。如果你言談的態度粗鄙，孩子亦會「有樣學樣」。若你以「豬玀」罵孩子，他亦會回敬你一句，「那麼你就是豬乸！」

當家長遇上不順心的處境時，應停一停，不要讓怒氣沖昏頭腦，破口咒罵，並要學會從正向思考，譬如：「下雨天不能出外，在家休息也好。」、「趕時間遇上塞車，想想下次不走這條路，還有其他路線嗎？」

從不同的角度觀察孩子，你會發現他有很多值得稱讚的優點，也有需要你去鼓勵作改善之處，對他多說好話，他自然會成為你期望的「乖孩子」。

耳聽八方 分辨好歹

身處傳媒信息泛濫的時代，家長難以禁止孩子不接觸來自四方八面的不良信息。有家長以為家中沒有電視，孩子就不會受污染，卻驚訝地發現孩子對電視的劇情瞭如指掌，主題曲也朗朗上口，他是從同學口中得知的。

其實，家長也不能視傳媒為洪水猛獸，同時也不可以掉以輕心。跟孩子一同聽新聞、看電視，遇上潮人潮語的衝擊，不要嚴禁不談，反倒視之為引導孩子思考的好機會，可分辨好歹，了解箇中含意，該說還是不該說。

好話好說 人際潤滑劑

無論何人都喜歡聽好話，說好話不只是禮貌的表現，更是人際關係的潤滑劑，向人傳遞出「愛的信息」，是建立關係的基礎。對一向勤奮努力，考試忽然失手的孩子，父母的安慰說話是一支強心針，教他們再次振作起來。對帶着疲憊身軀下班回家的父母，孩子說：「你累了，休息一下。」足教父母甜在心裏。以同理心出發，教孩子代入他人的處境和心情，關懷別人的需要，他門肯定能夠學會說尊重、有禮、讚賞、謙讓的好話。

粗心大意改得了

專家顧問：徐惠儀 / 親子教育工作者

　　孩子粗心大意的事例可以有很多，例如：抄漏手冊、忘記做功課、遺失學校通告、考試時看錯題目等。孩子出錯了，有些是因為他們做甚麼事情都不在意，導致經常錯漏百出；有些則只在學習方面大意，但在個人興趣發展，卻表現細心專注。

找出粗心的原因

「你究竟在哪裏掉了八達通？」

「我已想不起來！」孩子一臉無奈地回答。

「你已經掉了好幾次八達通了，為甚麼老是這麼不小心？」

「我……」

　　當家長發現經過不斷的提點，或運用懲罰已對粗心大意的孩子起不了作用時，他們得重新評估孩子的問題，改變對策。

　　很多時候，家長以為孩子粗心大意，只是他們做事不夠細心，是性格使然。這樣一來，我們會比較容易給予孩子負面的標籤，認定他們不會改變。事實上，孩子的粗心行為，可能有很多

不同的成因；若家長找到問題的根源，就能夠對症下藥，更有效地幫助孩子改善情況。

對症下藥改善問題

　　對於年幼的孩子，他們上課時總是不夠專注，或不懂得分辨哪些才是重點，故令他們做功課或練習時，很容易便會看錯或看漏題目，導致錯漏百出。這是因為他們剛起步適應學習生活，缺乏學習的技巧所致。家長切忌不斷批評孩子，假定他們不夠盡力用功，這只會令孩子失去自信，甚至懼怕犯錯，日後更會採取消極的學習態度。最簡單和直接的做法是，家長應指導孩子找出錯處，然後改正；久而久之，讓孩子養成反思的學習態度，粗心的問題自然可迎刃而解。

　　至於有些孩子經常丟三落四，做事永遠心不在焉，馬馬虎虎，這除了因為是他們的性格比較粗疏之外，也可能是他們從小養成的壞習慣。現代父母對孩子照顧太周到，事事都為他們預備妥當，孩子出現錯漏，父母也會想辦法給他們作出補救，例如：孩子忘記帶功課回校，父母會立即送上門；掉了東西會給他購置新的；天天替他檢查功課，找出錯漏等。孩子漸漸養成依賴、不負責任的習慣，凡事有父母擔當，那用自己費心神去糾正錯誤。

從態度和動機入手

　　想調教出做事認真、細緻，有精益求精和態度積極的孩子，家庭的環境氣氛是十分重要的。一個民主和諧、有秩序規律的家庭，孩子才能學懂生活作息有時，而非混亂魯莽衝動行事，又會為做錯事而負責任，能接受批評，有過即改，可承擔因粗心帶來的後果，並學會自省。

　　缺乏動機、過度緊張或疲勞，均會削弱孩子的專注和判斷力，導致他們心神恍惚，做事錯漏百出，例如孩子的功課太多，故家長最好給孩子一個合理的努力目標，完成後可讓他們休息或予以獎勵，並教導孩子以合理的時間和速度去做事，重量也重質。

　　粗心大意的習慣，並非一朝一夕便可以扭轉，家長需要花多點耐性，去等待孩子改變。家長可把目光和焦點多放在孩子偶然表現細心的地方，強化他們的好行為，孩子便會慢慢地朝着好方向走。

糾正孩子惡劣態度

專家顧問：徐惠儀 / 親子教育工作者

　　面對孩子沒有禮貌、做事不積極、賴皮、強詞奪理、推卸責任的態度，家長很容易就給孩子氣惱，好像拿他們沒辦法，不知道如何是好，究竟怎樣做，才可以令孩子有所改變呢？

不要以惡還惡

　　「為甚麼回家總是一聲不響的，不跟我們打個招呼，這是甚麼態度？」、「我最不喜歡就是孩子一副愛理不理的態度，跟他講甚麼都是支吾以對的。」、「做事拖拖拉拉，不到最後關頭也不動手，真擔心他將來如何應付更多的功課。」

我們常常因為孩子態度不佳，而按捺不住自己的情緒，墮入惡言惡相的陷阱，狠狠地斥責孩子一頓之餘，還不經意地踐踏了他的自尊。

咒罵的反效果是道理不彰，卻令孩子看透你的弱點，同樣給你一個標籤：「你的態度一樣惡劣！不要再裝着一副正義的樣子來唬嚇我。」

若要以義正嚴詞來教訓態度不佳的孩子，必須先檢視一下自己的情緒，當感到滿肚子悶氣或是怒氣沖沖的話，最宜表達的說話是：「我不喜歡你這樣的態度，請你先反省一下，稍後我們再談談。」給自己和孩子一段緩衝時間，待心平氣和時才談論，或許那時他已經知錯。

找出背後動機

任何態度的背後都有思想推動。禮貌的孩子相信這是建立人際關係的基礎；做事按部就班的孩子明白有計劃、有條理會更快達成目標；肯認錯的孩子認為負責任是勇敢的表現……我們可以幫助孩子反省惡劣態度背後的思想，若是扭曲的動機，應予以糾正。例如：他不喜歡主動跟人打招呼，因為怕別人不回應和拒絕；做事拖延是因為他怕面對困難，以為逃避是最好的策略。

無論你有甚麼猜想觀察，最好先跟孩子談論求證，不要以自己的想法硬套在孩子身上，認定他就是這樣、那樣，當孩子有冤屈的感覺，他的態度自然表現得更惡劣，你也就更肯定他的不是，甚至「死性不改」。

從一個破口開始

不要很籠統含混地給孩子「判刑」，要清楚分辨出問題所在，以具體的說話告訴孩子你的觀察與要求，讓他知道你是認真地期望他改變。不要一次過數算他的不是，這只會令他感到自己在父母眼中毫無價值，太多的錯處，好像永遠改不了，倒不如安於現狀，放棄罷了！

以一個好態度為目標，跟孩子討論改變的方案，最好是他自己提出的方法，訂下一個檢討的日期，耐心等候和觀察他的進度，適時給予鼓勵。堵住一個破口，才對付另一個，有時候，少少的改變會產生「漣漪效應」，連其他的問題也能一併帶動改變。

Part 3

個性發展

隨着孩子越來越大，發展出不同的個性，
漸漸有自主的性格。本章有二十多篇文章，
講述各種情況，都會影響孩子的
個性發展，父母不容錯過。

孩子養寵物好嗎？

專家顧問：葉妙妍 / 註冊臨床心理學家

　　小朋友要求飼養寵物，縱使家居環境和經濟能力許可，很多家長仍會猶豫不決。例如憂慮衛生問題或孩子出現過敏症狀；懷疑小朋友看到小動物可愛就想擁有，但只是三分鐘熱度；或者覺得照顧孩子已夠吃力，還要增添寵物，豈非是自找麻煩？

　　儘管如此，飼養寵物對孩子成長，確實有不少好處：

❶ 理想良伴好友

　　動物是人類的好朋友，可以常伴左右，是孩子的最佳玩伴。而且動物忠誠可靠，無論寂寞、傷心或失意，牠們都是很好的傾訴對象，幫助孩子紓緩壓力，讓情感得到慰藉。

❷ 建立責任感

　　教導孩子照顧寵物，幫助餵食、清潔、給牠們活動等，有助培養責任感及提高自信心。若疏忽照顧，令小動物不健康或不開

心，也要承擔後果，從中學會做事認真負責。

❸ 鍛煉健康體魄

孩子多跟寵物玩耍或散步，可以避免沉迷電子產品，增加戶外活動，吸收陽光和清新空氣，舒展筋骨，消耗體力，保持健康體重。與小動物一起長大的孩子，免疫系統更強，較少敏感和哮喘，也沒有那麼容易生病。

❹ 增進社交技巧

動物是人際關係的催化劑，能夠增加與人交流的話題、興趣和機會。小狗懂得理解人類的溝通暗示，社交反應亦與兒童相似。孩子由寵物的相處中，學會待人友善、耐心和信任，有助促進社交發展。

❺ 提升閱讀能力

有些孩子在人前朗讀，會感到膽怯或焦慮。原來小動物是很好的聆聽者，孩子給小狗朗讀，會覺得自信、投入、有動力及得到支持。

❻ 栽種愛的種子

現今的孩子普遍自我中心，但飼養寵物需要長年累月的用心，學習細心照料，從而培養出富有愛心和同理心的品格，懂得關懷與愛護弱小。

❼ 上生命教育課

寵物會經歷成長、繁衍、生病、衰老和死亡，真切地讓孩子了解生物生老病死的過程，學懂生命寶貴，必須尊重和愛惜生命。

飼養前要謹慎考慮

誠然，照顧寵物是一生一世的承諾，家長決定飼養前，應作仔細謹慎的考慮，不宜只是因應孩子喜好要求，或把寵物當禮物送贈孩子以討他們歡心。飼養前，家長要先讓孩子清楚小動物的需要，以及作為主人的責任。

家長需教導孩子飼養寵物的方法和守則，防止日後疏忽照顧或不人道對待小動物。同時也要以身作則，樹立善待寵物的好榜樣，一家人要共同付出及分擔時間、資源和心力。最好選擇領養代替購買寵物，給遭受遺棄的小動物一個溫暖的家。

讓孩子學做家務

專家顧問：葉妙妍 / 註冊臨床心理學家

　　美國明尼蘇達大學的家庭教育學者，曾經做過一項84人的追蹤研究，結果發現從3、4歲開始做家務的孩子，長大後到了20多歲時會更成功，包括完成學業、開展事業、智力水平、親友關係及遠離毒品等各方面。

4原因不想孩子做家務

　　家長不想孩子做家務，通常有以下4大原因：

❶　父母以照顧子女日常生活為己任，習慣在生活起居飲食料理方面，照顧得無微不至，不捨得嬌生慣養的孩子嚐半點苦。

❷　父母認為子女讀好書、學好才藝至為重要，平日最好專注於功課、溫習和課外活動；做家務會浪費時間，耽誤學習。

❸　孩子做家務只會幫倒忙，做得又慢又糟兼要善後，不如由自己來做，快捷妥當得多。

❹　自己也不懂或討厭做家務，長年依賴家傭；甚至覺得家務是勞累、骯髒的活兒，孩子不應該沾手。

孩子做家務的意義

其實孩子做家務可有以下意義：

培養責任感：讓子女明白，身為家庭一份子，有義務幫忙做家務，承擔一己責任，為家庭付出。

增加家庭歸屬感：家庭各成員分工合作，將家居打理得井井有條，令家庭關係更團結和諧。

增進同理心：親歷過煮食、清潔的辛勞，學懂體諒別人，擁有欣賞和感恩之心，可以提升幸福感。

培養好習慣：體會到煮飯、洗衫、執拾、打掃等家務並不簡單，自然更珍惜食物，保持衣服清潔，家居整齊。

建立自尊感：做家務可增強孩子的自理能力與辦事效率，學會幫助和服務別人，帶來成就感及自我價值，塑造自律和自信的性格。

引導做家務 5大技巧

家長想引導孩子做家務，可以參考以下5大技巧：

❶ 家長要做好模範，不宜常在子女面前抱怨家務繁瑣勞累，多為自己把家務做得頭頭是道而自豪。

❷ 鼓勵孩子做家務，態度要正面，好像請他們當個小幫手，盡量不要令孩子覺得被強迫，對家務心存厭惡。

❸ 因應子女的能力，循序漸進地耐心指導，家長可以先示範，再一起做，然後在旁指點，最後放手給他們自己做。

❹ 孩子開始時通常未能達標，可以先降低要求，切忌嚴厲批評，或當着孩子重做一次，令他們受打擊而洩氣。

❺ 多肯定子女的付出，讚賞他們完成家務；不建議用金錢利誘，以免他們討價還價，或為報酬而做，埋沒了做家務的價值和滿足感。

做家務從小做起

家長可以視乎子女的發展階段，教導他們擺好碗筷、清理餐桌、摺疊衣服、整理床鋪、執拾房間、打掃家居，以至煮食、洗碗、洗衫……讓孩子自小做家務，長大後不但自信獨立，受人歡迎，日後婚姻生活也更美滿呢！

失禮小公主

專家顧問：葉妙妍 / 註冊臨床心理學家

　　香港有很多小朋友，在學業方面有很卓越的表現，然而他們在個人自理方面，卻是明顯地不能招架。有些孩子甚至在日常生活中，更是連自己也照顧不來，這除了令小朋友變得嬌生慣養之外，還會影響他們與人相處等社交關係。

聖誕聯歡不懂夾食物

　　學校舉行聖誕聯歡會那天，肉醬意粉、魚蛋、燒賣、雞翼、啫喱糖等美食均大受歡迎，同學們都吃得津津有味。就讀小學的菲菲卻獨沽一味，只吃一串串的菠蘿腸仔——原來她根本夾不到意粉和啫喱糖，又不懂得怎樣吃雞翼。菲菲試過取一粒魚蛋「碌咗落地」，拿燒賣倒醬油時更「醬汁四濺」，讓她狼狽不堪。為免再出洋相，菲菲乾脆坐在一角，不敢再碰其他食物。

學校旅行不懂脫外套

秋季旅行時，一眾同學興高采烈地於郊野追逐，漸漸地，大家都相繼脫下了外套。這時，汗流浹背的菲菲，被發現不曉得如何解開外套的鈕扣。一起吃東西的時候，菲菲又不小心倒濕了衣服，一位貼心的同學遞上紙巾，菲菲不斷嚷着：「點樣抹呀？」結果幾位多嘴的同學嘲笑她「公主病」，氣得菲菲脹紅了臉。

不懂控制手部肌肉

上月，學校舉行家長日。班主任向父母反映，菲菲的字體潦草，平日做功課「龍飛鳳舞」；默書和考試時，菲菲有些難以辨別的字，老師只能當作是錯字，所以被扣了不少分數。

物理治療師曾替菲菲做過評估，發現她小肌肉協調的發展較遲緩，也不懂操控手部肌肉；故此她執筆寫字乏力，導致字體欠工整，而且容易感到疲累。

歸根究底，菲菲每天梳洗時，家傭都會替她擠牙膏、扭毛巾；更衣時又會幫她扣鈕、拉拉鏈；她穿的鞋子都是不用綁鞋帶的魔術貼——菲菲根本沒有機會鍛鍊小肌肉和學習自理能力。

照顧周到 影響發展

今天菲菲要到牙醫那裏拔牙，因為她的乳齒還未脫落，但恆齒已長出來了。醫生表示，這種情況跟飲食習慣有關：由於平日太少咀嚼食物，令牙齒發育不正常。

原來菲菲在家習慣吃「碎肉餐」和「去骨餐」，從未接觸過排骨、雞翼及牛扒等食物，而帶骨的魚更是不在話下，她更是未曾接觸過。菲菲通常用匙羹吃飯，由家人夾着給她。至於吃水果，也一律先去皮去核，再切成小塊，然後用叉或牙籤進食。

菲菲是典型生活技能低的港孩，皆因家人對她的照顧太周到，日常生活也過份保護她，結果愛她變成了害她，讓她在各方面的發展都受到影響。孩子嬌生慣養、笨手笨腳，會令他們覺得自己沒用和事事也不如人，令自我形象大打折扣。而且他們更會被朋輩排擠，損害人際關係。因此家長宜因應兒童的發展階段，自小訓練他們的自理能力，才能培養出自信獨立的孩子。

智能評估記

專家顧問：葉妙妍 / 註冊臨床心理學家

　　現代孩子在父母悉心栽培下，在各方面的發展水平也很高。有些父母，當發現自己的孩子比另外的孩子聰明伶俐時，都會有「我的孩子是否資優？」的想法，他們甚至會帶孩子進行智能評估。但當他們發現評估結果未必與自己所想的一樣時，又會有哪些想法呢？大家可看看以下的一個家長個案。

個案：智能評估測試資優

　　一個工作天，有位母親來電，查詢有關讓她8歲女兒做智能評估的問題。這位母親只跟我說英語，雖然很流利，但我聽得出她的口音不太地道。過了兩天，她再致電預約，這趟她用廣東話－－果然上次是想測試我的英文口語水平。

　　這位母親強調，她打從女兒出生起，便親自悉心地栽培她，不斷給她高質素的「家庭教學」。根據她的觀察，女兒的領悟力高，記憶力強，學習比同年紀的孩子快；在學校裏，她在任何學科均名列前茅，可以掌握高一年級的英文和數學。她相信自己已

培育出資優的孩子，所以她希望女兒能做智能評估來確定。

除此以外，母親認為女兒講英語比粵語流利，故她要求用美國版本的智力測驗。我耐心地向她解釋，心理學家選擇合適的測驗時，不僅考慮兒童常用的語言，還有他們的成長文化背景。因為英語版裏面有一些題目，跟本地有文化差異；而且兒童需與美國同齡孩子作參考對照，才能得出分數。以往有研究顯示，中西方人在智能的不同範疇上是有差別的。因為這位家長的女兒在香港長大，又一直在本地普通學校就讀，若果施行美國版的測驗，結果的可靠程度會打折扣……不過這位母親依然堅持己見。

孩子着緊自己表現

進行智能評估那天，我發覺女孩講粵語與英語同樣流利，但母親則只會用英語跟她交談。在單獨測試時，女孩很合作、專注和用心，但顯得頗為緊張，還不時問我，她的作答對與否，非常着緊自己的表現。評估過後，母親打電話來，投訴女兒回家後大發脾氣，因為測驗中有許多不懂的地方。我告訴她測驗目的是找出受試者的能力極限，故此一定會碰到深奧或是不懂的題目。

結果不似預期

智能評估的結果出來了：女孩的智力屬於優異，惟未高達資優水平──她母親的臉色登時一沉，儘管我指出優異者已超越九成的同年紀孩子，已經很不錯了。我進一步分析，女孩的視覺空間感和數學推理能力較高；而常識和工作記憶就較差；語言表達能力更是她的弱項。母親開始批評智力測驗不準確，不能反映女兒的實際能力……

需培育的是情緒智商

事實上，曾有研究發現，中國兒童的數學和視覺空間感較強；而西方兒童的創意和語文流暢度較高。用英語版智力測驗，跟美國孩子常模作對比，測驗結果的限制，老早在預約時已解釋清楚了，只是母親充耳不聞罷了！平心而論，智力水平並非決定學業成績的唯一要素，也不能預測未來的成就。這個女孩在學習方面根本不用操心，只是她似乎背負了母親的期望，太在意自己的表現，容易衍生過度的焦慮，而且接受挫敗感的能耐亦很弱。故這位母親需要加強培育女孩的，倒是情緒智商呢！

怎樣活得幸福快樂？

專家顧問：葉妙妍 / 註冊臨床心理學家

　　很多父母都希望子女能活得健康，快樂成長。但隨着孩子慢慢長大，家長都已淡忘了當初的期盼。但怎樣才能讓孩子活得幸福快樂呢？原來「真正的快樂」，不只是吃喝玩樂的感官滿足，而是精神上最高層次的快樂。

為人父母的願望

　　2018年初，Psyc157 Psychology and the Good Life（心理學與美好生活）這個課程，有接近1,200名耶魯大學本科生選修，成為創校316年來，最受歡迎的一門課。任教的心理學教授Laurie Santos，希望透過該課程改變校園文化，引導學生過更快樂、更滿意的生活——為人父母的願望，不正是最想子女健康快樂嗎？

健康方程式：H=S+C+V

　　「正向心理學」，是廿一世紀流行的心理學理論，其中「快樂的科學」是一個主要的部份，旨在研究人們幸福快樂的正面心理特質，包括個人長處、品格和正向情緒。美國著名心理學家馬丁・沙利文博士（Dr. Martin Seligman），是當中的代表人物。他在著作《真正的快樂》（Authentic Happiness），列出一道

「健康方程式」──H = S + C + V：

H（Happiness）：快樂就是......

S（Set Range）：與生俱來的快樂幅度，佔40至50%，例如有些人天生較易開心，有些則較易憂鬱。

C（Circumstances）：現實環境和當時際遇，佔10至20%，人們適應過後，心情便會回復。

V（Voluntary Control）：個人可控制的思想及態度，佔40%，即視乎人對事情的反應、看法及應付能力等。

　　因此，「正面思想」是實際和有效的方法，令幸福掌握在自己手中。

真正的快樂

　　「真正的快樂」是甚麼？「享樂」可以帶給我們即時的感官滿足，好像吃喝玩樂，毋須多大的付出和能耐，不過這種快樂往往不能持久。「滿足感」是較高層次的快樂，需發揮才能和付出努力始能達到。純粹享樂當然比不上從滿足感而來的快樂，然而「真正的快樂」，是最高層次的快樂，就是可以運用專長和性格優點，投入有意義的活動或工作，令他人和社區受益，活出富價值的人生。很多人就像耶魯大學不少的學生，追求高分、實習機會、高薪工作等成就感，但長期飽受壓力和負面情緒影響，甚至出現精神健康危機，距離快樂、幸福感和生活滿足感越來越遠。

3方向 活得更快樂

　　那麼，怎樣可以活得更快樂？可參考以下3個方向：

❶ 面對過去：
- 學會感恩、欣賞、感謝擁有的東西和身邊的人與事物。
- 寬恕自己和他人，接受不愉快的經歷，心存慈悲。

❷ 對於現在：
- 活在當下，投入每天的生活，細味箇中點滴。
- 生活習慣健康，與親友建立良好關係，愛護自己及他人。
- 發揮專長和性格優點，助人為快樂之本。

❸ 迎向未來：
- 培養積極、樂觀的人生態度。
- 懷着勇氣、信心和希望，面對未來的挑戰。

讓父母以身作則，從小引領子女邁向快樂之道！

為甚麼要上學？

專家顧問：葉妙妍 / 註冊臨床心理學家

　　在電視紀錄片《翻山涉水上學去》中，當中來自世界各國落後地區的小朋友，每天都要冒着生命危險，歷盡艱苦，徒步千里去上學，為的只是爭取學習機會。這讓人反思香港的幸福孩子，他們往往不知道為甚麼要上學。

學習機會唾手可得

　　節目中，儘管孩子在上學途中危機四伏，不時面臨死亡威脅；但是再惡劣的天氣、崎嶇的地勢、湍急的河水、兇猛的野獸……這些堅強勇敢的孩子，也絕不退縮。因為讀書是他們擺脫跨代貧窮、實現夢想的唯一希望。為了改變命運，為了更美好的未來，他們不畏艱辛險阻，不惜付上生命的代價。

　　反觀港孩自小衣食無憂，學習機會更是唾手可得——清早賴床不肯上學，上課發白日夢，作業馬虎草率，甚至經常抄功課，在學校混日子的比比皆是，何曾珍惜過能夠讀書的幸福？

　　升學要日復一日、年復一年的早睡早起，趕那做不完的作業，應付數不清的默書、測驗、考試——長年累月枯燥乏味。為

何要下苦功？為何要吃苦頭？為甚麼不留在家裏睡懶覺、打機、上網、看電視、吃喝玩樂，優哉悠哉地度過童年？

請勿見怪，許多學生委實不知道為甚麼要上學：

「怕媽媽煩，驚爸爸鬧！」

「曠課會被老師罰！」

「返學可以跟同學玩！」

「讀書將來可以搵工做，為賺錢、為生活！」

學習是為做有內涵的人

這一代孩子普遍生於富裕安逸的環境，加上多是「一個起、兩個止」的「心肝椗」。父母供書教學，都只問付出，不求回報。故此，他們學習大多不為將來脫貧創富，甚或不用養家糊口。孩子心智未成熟，實在不容易理解為甚麼要讀書，空談為了他們將來的生活，大抵太遙遠、太抽象了。

但是學習基礎打得不好，隨後難以追上進度；一旦離開了校園，重拾書本也許來不及了。錯過關鍵的求學階段，日後往往無法補救，後悔已經太遲。所以父母和師長惟有花盡心思去提升孩子的學習動機，或者用威逼利誘的手段，督促他們認真學習。向子女灌輸上學的重要性，是為人父母的天職，不管孩子現階段喜不喜歡、願不願意、相不相信。首先，上學是一個人開始體驗何謂本份、責任感、規矩、時間觀念、評估考核等。進而學習做人的道理：怎樣待人處事、尊師重道、善待同學、與人合作、服務群體、明辨是非、知書識禮——做個有修養有內涵的人。

知道目的才有動力

上學是增長知識最有系統的途徑，滿足好奇心和求知慾，幫助我們理解事物、思考問題、解決困難，同時讓我們發掘天賦，發揮才能。故追求學問既可證明自己，也能帶來心靈上的富足。

從現實功利角度來看，一紙文憑確是職場的入場券。學歷為我們提供更多選擇好工作的機會，進一步改善生活，或創造更理想的人生。有些人憑着美貌、小聰明、運氣機遇、人脈關係等獲得成功的優勢，卻不及學識和技能來得踏實和持久。

為甚麼要上學？每個人的讀書潛質、學習經歷、成長背景、生活條件、個性取向……都不盡相同，因此這個問題沒有標準答案。希望學生都知道自己求學的目的，從而找到學習的動力。

幼稚園教的受用一生

專家顧問：葉妙妍 / 註冊臨床心理學家

　　有些在幼稚園所學到的，為甚麼會終生受用？美國作家Robert Fulghum發人深省的篇章提醒我們，求學不為中英數、音體藝，而是教育孩子進入文明社會的啟蒙——怎樣生活，怎樣做人，以及甚麼該做，甚麼不該做。

16個幼稚園學到的知識

　　美國作家Robert Fulghum的名著《All I Need to Know I Learned in Kindergarten》，中文譯本為《生命中不可錯過的智慧》，書中有很多為人津津樂道的名言雋語，現在節錄如下：

　　多數我真正需要知道的事，是在幼稚園學會的，好像如何生活、該做甚麼、怎樣做人。智慧並不在研究院的高峰，而在幼兒園的沙池。以下是我學到的：

1.　分享一切
2.　遊戲要公平
3.　不要打人

4. 物歸原處
5. 清理自己的爛攤子
6. 別拿不是自己的東西
7. 傷了別人要說對不起
8. 進食前先洗手
9. 要沖廁
10. 暖曲奇和凍牛奶對你有益
11. 活得平衡：學習、思考、繪畫、唱歌、跳舞、玩樂、工作，每天都要有一點
12. 每日下午小睡片刻
13. 外出時，注意交通安全，手牽手，緊靠一起
14. 留意新奇的事物：記得杯裏的小種子，根向下生，莖往上長，無人曉得為何，但我們都如此
15. 金魚、倉鼠、白老鼠，以至杯裏的小種子都會死，我們也不例外
16. 記得書中你學到的第一個字，最大的字——「看」

建立健康生活習慣

上課、小息、茶點、排洗、午睡……孩子學習建立健康的生活習慣：作息規律，飲食均衡，以及注重個人衞生。自律的原則，還包括責任心的培養，日常做事整齊清潔，井井有條。還有生活的模式，工作和休閒生活需取得平衡。

與人相處之道，誠然是幼稚園不可或缺的主科。以禮貌、平等和友愛，善待他人。食物要分享，玩具要輪流玩，上廁要排隊；不可偷、不能搶、不准出手——人人要守規矩。

基本原則 影響深遠

沒有人可以獨自存活，人際關係就是唇齒相依。人生道路猶如橫過馬路，大家牽手靠緊，才能順利過渡。至於生死的課題，無疑是最深奧的一課了。

Robert Fulghum認為，各項基本原則，對人生影響深遠。無論活到甚麼年紀，個人、家庭、工作各個範疇，一律同樣適用。假如社會制訂政策，亦遵照這些守則，國家都應用於平等機會、資源分配、生態環境、國際關係中，這個世界會多美好！

患上暑假後遺症

專家顧問：葉妙妍 / 註冊臨床心理學家

　　正值暑假，很多爸爸媽媽都喜歡帶孩子盡情玩樂，享受一個難得的快樂悠閒長假期。然而，若是讓孩子過份縱情玩樂，擾亂了日常的規律作息；當暑期過後，家長還是需要花上很長的時間來撥亂反正，才能讓孩子的生活重拾正軌。

開學初期效率極低

　　9月開課才2個星期，俊俊的媽媽已大叫吃不消了。原來每天清早，俊俊都「賴床」不起，總是要媽媽跟他糾纏半句鐘始起床梳洗，連早餐也來不及吃，就睡眼惺忪地趕着出門去搭校車。有天早上，他終於錯過了校車，需乘的士回校。另有一天，他更哭訴太累，不肯去上學。

　　除此以外，在俊俊放學回家後，媽媽更發現他邊做功課邊打瞌睡，工作效率極低。溫習時，精神又不集中，經常心散、發白日夢。而且，俊俊的記性變得很差，老是水過鴨背，連上學年學過的，也好像忘記得七七八八——氣得媽媽七孔生煙！

暑假擾亂日常作息

　　時光倒流到個多月前，俊俊正在享受悠閒的暑假：天天不是看電視，就是打機上網，每每玩到半夜仍不願去睡，白天自然日上三竿還未起床。到了8月下旬，俊俊和家人出外旅行；直至開學前2天才回港。此時，媽媽才驚覺俊俊的暑期作業尚未做妥，在加緊督促下，始於開課前一晚勉強完成……

　　經此一役，媽媽醒覺到，暑假不宜讓俊俊過度自由、放縱玩樂。如果生活習慣與平常上學差異太大，或長時間從早到晚怠惰懶散，孩子在開課後便難以適應上學規律和學習要求。

杜絕暑假後遺症 6大要點

　　俊俊的個案是典型的暑假後遺症，或暑期症候群。欲防範於未然，家長需要留意以下6大要點：

1. **注意生活規律：**暑假的作息、進餐等日常生活時間表，最好與平日相差不太遠。若是已經變得雜亂無章，建議家長應於開學前至少2星期逐步調整，讓孩子及早準備回到正軌。

2. **安排學習時間：**建議孩子每天應花約1至2小時做暑期功課、補充練習、溫習、預習、看課外書等。但一天的學習時間，最好不要超過上學日的一半時間，以免令孩子產生厭倦；反而影響他們對學習的興趣、動機和效率。

3. **做好開課準備：**新學年的書本、文具及校服等，家長可預早與孩子一起購備，有助增加孩子對開課的期待，以及心理上的準備。

4. **新校適應：**如假期後需轉校，或升讀小一、中一，家長更要盡早讓孩子熟悉新校的上下課時間、上學交通安排等。

5. **外遊回港：**無論到外地旅行、回鄉探親或參加遊學團，都不宜太遲回港。有些孩子開學後還是懷着遊樂閒散的心情，有一臉倦容的連時差亦未調校好，完全沒有重返校園的身心狀態。

6. **家庭轉變：**假如暑假期間需要搬家，或轉換孩子的照顧者包括外傭、祖父母等，也應提早安排妥當，讓孩子有充足時間習慣改變。

　　家長需要理解，對小孩子來說，新學年是有許多新事物需要他們重新適應；同時每年的開學期間，家長所承受的壓力也是不容忽視。故此，順利過渡開學的挑戰，實有賴暑假的妥善安排。

假期後症候群

專家顧問：葉妙妍 / 註冊臨床心理學家

　　肆虐多時的新型冠狀病毒，給莘莘學子帶來一個比暑假更悠長的學校假期。孩子因為停課和疫症長時間留在家中，家長不僅從早到晚要照顧子女，還要監督完成多不勝數的網上功課，實在身心俱疲，親子關係也快要爆煲。

後遺症生理症狀

　　好不容易等到疫情消退，親職壓力的紓緩露出曙光——家長都忙着預早購買兒童口罩、消毒搓手液等，待孩子準備開學。然而，復課的妥善安排，又豈止準備充足的防疫物資呢？

　　不少學生開課後，整天沒精打采，白晝昏昏欲睡，夜間又睡不好，清早起床上學自然吃力。而且他們還會食慾不振，或感到腸胃不適，甚至出現頭暈、頭痛、肌肉痠痛等徵狀——這些都是「假期後症候群」，又稱「長假期後遺症」的生理症狀。

除此以外，學生亦可能會情緒低落、焦慮煩躁、精神緊張或喪失興趣。在學習方面，往往提不起勁，難以集中精神，思考、分析、判斷、記憶力和學習效率都強差人意。

為復課作好準備

　　歸根究底，「假期後症候群」源於漫長的停課期間，孩子的作息時間混亂，晚睡遲起，飲食失衡，加上放縱上網、打機、看電視⋯⋯以致復課後仍未收拾心情，不願早起上學，一天到晚心神恍惚，困倦庸懶，完全不能適應上學日的規律與學習上的要求。

　　為了幫助孩子作好復課的心理準備，家長可以把月曆掛在家中當眼的地方。首先圈出復課的日子，然後每天做記錄，讓孩子清楚具體地掌握和倒數還有多少天就要回校上課。家長同時可以與孩子一起執拾課本和文具，準備好已換季了的校服等，增強孩子重回校園的意識。

作息正常較易適應復課

　　誠然，長假期中的生活時間表，包括作息、晉餐等，若可與平日相若，孩子會較易適應復課。假如慣常規律早已被打亂，開學前一、兩星期，便要趕緊調校，讓他們及早回復正軌。至於學習方面，假期中最好每天用一兩小時做功課、溫習或看書，有助孩子開課後順利回復上學的身心狀態。

　　另一方面，有些學生本來已有「上學恐懼症」，即害怕上學，每逢上學便會出現頭痛、肚痛、作嘔等原因不明的身體不適。還有學生患有其他焦慮症，例如「分離焦慮症」、「社交焦慮症」等。這些學生放完長假期後，更有機會出現「假期後症候群」，需要較長時間適應復課。

了解憂慮背後原因

　　假如孩子有這類焦慮症，家長需了解他們懼怕或憂慮上學背後的原因——是學習困難、逃避考試、害怕老師責罰、跟同學相處不來，還是家庭裏隱藏着其他麻煩？協助孩子解決問題，才是治本之道。

　　總而言之，復課早準備，過渡更順利。

停課不停學

專家顧問：葉妙妍 / 註冊臨床心理學家

　　疫症、流感、社會事件……近年教育局不時宣佈緊急停課──孩子不識愁滋味，只知不用上學、不用交功課、不用默書、測驗和考試，還可以放假留在家裏，玩玩具、看電視、打機……當然是天大喜訊，個個拍手叫好。

社區發揮「共養共學」

　　然而，家長卻頓時方寸大亂，不知所措。首要解決的，是安排人手照顧子女。雙職家長如果未能臨時告假，既找不到親朋戚友幫助照顧孩子，坊間的託管服務又嚴重不足，更不可讓小孩獨留家中──實在徬徨無助。

　　最近，有些家長在群組或社交平台，主動發起「共養共學」。幾個鄰近的家庭集合起來，組織小規模的「共學小組」，支援有需要的家長，讓孩子可以一起學習，體現鄰舍互助的精神。

實行網上學習

學校突然停課，打亂了正常課程，甚至不確定何時能夠復課。家長難免會憂慮子女的學習進度，尤其擔心孩子沉迷電玩，玩物喪志，最終荒廢學業。

現今互聯網無遠弗屆，遙距學習越來越普遍。不少學校把錄製的教學短片、學習教材、閱讀內容及電子功課等，上載到學校伺服器中──實體課堂化成虛擬課堂。學生可以安坐家中，充分利用假期，在線上學習。因此儘管停課，學習依然不會間斷。

自制學習時間表

即使學校沒有網上學習的設備，家長也可以為子女制訂學習時間表，每天安排一些時段溫習或做習作。不過這應以鞏固已學習的知識為主，不用急着預教新的內容，甚或過度催谷孩子，以免弄巧成拙，令孩子對學習生厭。

家庭活動善用假期

停課期間，所有補習班、興趣班、課外活動等都取消了，教家長十分頭痛。子女做甚麼來消磨時間較有意義？不妨考慮以下的提議：

❶ **做有益身心的活動：**
看書、繪畫、摺紙、小手工、玩樂器⋯⋯孩子足不出戶，亦可以因應自己的興趣，進行有益身心的活動。

❷ **鍛煉自理能力：**
不用趕功課、趕溫習的額外假期，正好有空檔在家中訓練子女的自理能力，或教導他們做些日常簡單的家務。

❸ **進行各種室內或戶外運動：**
如去郊遊、行山等，親親大自然，都是鍛煉體魄、體驗形式的學習。

❹ **把握親子活動的機會：**
無論桌上遊戲、創作故事、戲劇，還是一起弄點小食、做點小工藝等，同樣可以帶來家庭歡樂，促進親子關係。

花點心思，善用假期，寓學習於娛樂，停課也可以不停學。

升中適應過渡難關

專家顧問：葉妙妍 / 註冊臨床心理學家

青少年正值關鍵的成長階段，需建立自我身份認同，認識自己的獨特之處、能力、需要和價值，確立自我概念與角色。成績表現、父母、師長與朋輩的認同，有助塑造正面的自尊感。反之，不斷的否定和挫敗，只會帶來自卑、迷惘、不安、憤怒，甚至絕望。

初中生適應困難

幾個家長難得抽空一聚，甫見面即七嘴八舌地大吐苦水：

「兒子升上中學，經常躲在房間，多問一句也不耐煩，想關心他也無從入手。」

「我女兒態度越來越差，動不動就亂發脾氣。昨天才怪我偷看她的東西。」

「孩子已不是小學生了，我便不再『陪太子讀書』，怎料學期考試成績，簡直慘不忍睹！」

「我那個更糟！學校要記缺點了，我才知道他竟然多次上學遲到及欠交功課！」

從小學過渡到中學階段，子女需面對以下挑戰：

❶ 學習問題：

升中生面對陌生環境，難免感到憂慮而困惑。普遍孩子不習慣經常要轉換課室，或按「cycle」時間表上課。而且學習學科和老師的數目增加，課程內容艱深，功課更多，要求也更高。若孩子升讀英中，要適應全英語教授；加上學習模式需更主動及獨立思考，課業和溫習亦要更有效的時間管理……往往導致中一生成績追不上或大幅滑落，未能達到父母和老師的期望。

❷ 人際關係：

認識多年的小學同窗，派往不同的中學就讀，友誼未必可以維繫。中一生融入新學校，朋輩支援尤其重要，極需及早建立社交圈子，但又擔心能否被新同學接納，會否相處不來，認識不到朋友，甚至遭到排斥、孤立或欺凌。

❸ 個人成長：

孩子踏入青春期，隨着身心的變化，情緒較易波動。同時，初中生亦會尋求個人空間和私隱，爭取獨立自主權，希望不用依從父母，自行選擇及作出決定。

放下權威 朋友式相處

陪伴子女走過升中的關口，父母要放下權威的形象，採取較像朋友的相處方式。平日多關心、留意孩子，把握適當的時機始作溝通。父母可以嘗試對子女的話題表露興趣，鼓勵他們表達心中困惱，耐心聆聽和用心了解，不急於加入意見或教訓——當孩子感到被諒解和接納，會更願意開放自己。

最好別讓子女覺得，父母的期望超乎自己的能力，也不應與他人作比較。重視孩子付出的努力，而非以分數衡量他們的成就。培養子女積極自律的學習態度，設定明確的目標和執行方法，能激發學習動機和自我鞭策，煉成自我管理的能力。遇到子女爭取自主權，不妨理性平和地共同協商，以尋求問題解決的方向，釐定準則、權利、責任和後果。

此外，父母也可以參加學校或其他機構舉辦的家長教育講座，學習更多幫助孩子順利過渡初中階段的有效方法。假如孩子問題嚴峻或父母感到束手無策，亦可以考慮尋求學校社工協助或其他專業輔導。

打機成癮不可小覷

專家顧問：葉妙妍 / 註冊臨床心理學家

　　網絡遊戲日新月異、容易沉迷已是不爭的事實。港大心理學系的調查發現，有近一成小四至小六學生打機成癮。當子女開始對打機或上網產生興趣時，家長宜及早培養孩子的健康使用電腦習慣，提高預防成癮的意識，避免對孩子的身心發展造成深遠影響。

個案：一旦沉迷 不能自拔

　　經過兩年多的艱苦奮鬥，傑仔在媽媽的監督與鞭策下，他通過所有考試和才藝訓練班，終於考上心儀的中學。傑仔媽媽放下心頭大石，遂答應讓傑仔下載夢寐以求的戰鬥網絡遊戲。

　　不消一個星期，傑仔打機不知不覺打得天昏地暗。不過媽媽心想，升中的目標已達成，這個暑假就讓他放鬆一下吧！

　　升上中一後，傑仔不是上學遲到，就是在課堂上睡眼惺忪。他又驚覺，中一的科目既多又深，不懂的英文詞彙多不勝數；加上沒有相熟的同學，所以產生孤獨和沮喪感。每天放學只想馬上回家，一直打機到夜深，忘卻學校的煩惱。

媽媽起初苦口婆心地告誡兒子要節制打機；可是傑仔不但屢勸不改，態度更越趨惡劣，母子間的衝突幾乎無日無之。兩個月後，媽媽發現傑仔的成績一落千丈，甚至從老師來電得知他無故曠課……媽媽氣得一手把電腦線拔掉，傑仔正聚精會神地打機，快要成功晉級，盛怒下登時揮拳擊向媽媽──最後兩母子不得不尋求輔導。

打機成癮 8大徵狀

長期失控地打機或上網，會嚴重影響正常生活，是病態的沉溺行為，就如濫藥、酗酒、賭博一般可以成癮。打機（或上網）成癮的徵狀包括：

❶ 經常想着打機或上網
❷ 花在打機的時間比原先預計的長很多
❸ 需要越來越多的時間打機，才能獲得滿足
❹ 當嘗試減少或停止打機時，會感到不安或煩躁
❺ 曾經多次試圖控制、減少或停止打機，但都失敗
❻ 以打機來逃避問題或無助、內疚、焦慮、鬱悶等感覺
❼ 為了打機，荒廢學業或影響了人際關係
❽ 向家人、社工等隱瞞自己對打機的投入程度

腦神經心理學的研究顯示，過度上網或打機，可導致大腦萎縮，損害集中、記憶、決策、自制等能力，對腦部仍在發育的青少年影響尤甚。此外，過度上網或打機亦會干擾腦神經傳遞物質如多巴胺，容易令人情緒低落、煩悶不安，更渴求網絡的刺激，因而造成惡性循環。

以身作則 先訂協議

長期廢寢忘餐地沉溺於打機或網絡中，不但會引致睡眠不足、營養不良，視力、關節等受損，還會影響學業及家庭關係；加上缺乏溝通、社交和興趣發展的機會，令孩子的自信心和成功感僅能求諸虛擬世界。此外，網絡遊戲多渲染暴力甚至色情，荼毒成長中的青少年。

因此，家長應以身作則，不要常常當着子女面前打機或上網；讓孩子接觸網絡或打機前，先要協議時限；並應留意網頁的內容或遊戲的等級；同時盡量協助子女發掘其他有益身心的活動，都可以避免過度沉迷打機或上網。

網絡欺凌要關注

專家顧問：葉妙妍／註冊臨床心理學家

現代科技進步，資訊發達，尤其是網絡發展，更是一日千里。凡事皆有兩面，網絡資訊令都市人的生活越益方便進步，但同時也會帶來一些社會問題，譬如是網絡欺凌。究竟網絡欺凌是甚麼？它可以帶來哪些禍害？其影響可以有幾深？也實在很值得我們作出反思。

網絡欺凌個案

個案 1：有家長告訴雄仔的媽媽，她的兒子在facebook看到雄仔的照片，相信是在課後被偷拍的。相中的雄仔把手指放在鼻孔下面，發帖者指他喜歡在校內挖鼻孔。帖文在短短兩天，已經有45個like，也有其他留言者附和、恥笑，甚至替雄仔改一些令人難堪的花名。

個案 2：瑩瑩在這個學期的成績突飛猛進，考取全班第三名。近日有同學在班中的whatsApp群組，批評她稍有進步即傲慢囂張；另一同學回應時，質疑她考試作弊始獲佳績；更有同學

發起全班一起杯葛她……結果令瑩瑩情緒失控，不肯去上課，父母惟有尋求老師和學校社工協助。

　　個案 3：小南模仿偶像勁歌熱舞，一時興起拍成短片，上載到YouTube與人分享。個多月後，小南發現短片被轉載到論壇，題為「小學雞走音歌神」，大肆嘲諷他相貌其醜、五音不全及舞姿笨拙；亦有網民添加侮辱性的文字或圖案，「惡搞」短片奚落一番；及後他更慘遭「起底」，其姓名、住址和就讀學校都被公開——可憐小南被嚇得連離家上學，也害怕被人認出來。

網絡欺凌 無孔不入

　　網絡欺凌，意指透過資訊科技，包括電郵、手機信息、即時通訊、討論區、個人網站、社交或遊戲網絡，利用文字信息、圖片、錄音或錄像，蓄意批判、羞辱、誣衊、威嚇、假冒被欺凌者，散播謠言或虛假信息，在網上公開受害人的個人資料等。

　　由於網絡世界沒有時間和空間的限制，受欺凌者從早到晚，無論身處何地，都會不斷遭到欺凌者的騷擾。而且網絡傳播既迅速又廣泛，資訊一經發放，便不能中止或刪除，以致受害者持續受到欺凌。加上，參與欺凌的人在互聯網上可以匿名，因此難以追查隱藏的真正身份——種種因素令網絡欺凌不容易被遏制。

家校攜手教育下一代

　　預防網絡欺凌，家校可以攜手教育下一代，做個自律、謹慎、負責任和富同理心的網絡使用者；並及早認識網絡欺凌的問題、禍害、防範及應付方法；培養孩子的網絡安全意識，不可洩露個人資料；發佈信息或圖像前要三思，避免偏激和冒犯性的言論——藉此減低招惹欺凌的機會，同時提高參與欺凌的警覺性。

遭受網絡欺凌 該怎麼辦？

　　假如孩子不幸遭遇網絡欺凌，家校應採取關懷和支持的態度，共同作出適當的調查、處理及援助；建議受害者不去回應或反擊，以免引來更多欺凌信息；儲存欺凌的信息留作證據，向網絡營運商舉報，要求移除有關信息；啟動攔阻功能、改網名、刪除網頁，或暫停接觸相關網絡；如涉及刑事恐嚇，可考慮報警求助。教育局網頁有提供網絡欺凌問題的教學資源，家長和老師可作參考之用。

沉迷社交媒體

專家顧問：葉妙妍 / 註冊臨床心理學家

現今青少年生於數碼年代，在網絡世界中成長，Facebook、Instagram、WhatsApp等流行社交媒體或即時通訊軟件，本來年滿十三歲方可開設賬戶；然而不少青年人，早於唸高小時已自行登記使用，這種現象孰好孰壞？

WhatsApp覆信息 機不離手

這個學期，阿成説服了父母，給他買部智能手機，因為班中不少同學都在用WhatsApp，還建立了群組，經常在課堂外聯絡，阿成當然不想落伍。近月阿成無時無刻都機不離手，不停查看和回覆WhatsApp，惟恐錯失或延誤任何信息。父母越來越不滿，因為阿成在家中，手機的信息提示不停響起，連吃飯和做功課也無法專注。

IG做網紅 po相呃like

小麗喜歡在Instagram「Po相呃like」，為求自己的動態受關注，小麗經常到處打卡，構思吸引目光的發帖，花時間研究裝

扮、拍攝角度和美圖效果——上載的相片力求完美。看到讚好、評論和追蹤的數字不斷上升，小麗感到自己很受歡迎，自我陶醉於成功的優越感中。假如發佈的相片按讚人數寥寥可數，小麗會覺得失望又挫敗。漸漸小麗自拍成癮，冒險爬到高處或把頭伸出車外「危拍」，甚至不惜拍攝性感照。小麗對學業完全不屑一顧，因為她的志願是當「網紅」。

沉迷Facebook 瀏覽別人賬戶

安兒性格內向，很少跟同學交往。她在facebook不大熱衷上載自己的狀況，只是每天有空便瀏覽別人的賬戶。安兒發現同學常常到不同地方吃喝玩樂，購買心頭好或收到精緻的禮物，並歡度生辰和節日，令安兒既羨且妒：怎麼別人的生活都多姿多采？安兒感到很自卑，對自己非常不滿意，心情再次掉進谷底。

青少年長期保持「在線」

香港兒科醫學會及香港兒科基金2018年時以網上問卷形式，訪問逾2,000名小四至中六學生。結果發現93%受訪者有使用社交媒體，43%每日花三小時瀏覽社交媒體，56%每日有五小時在線，78%曾在午夜後回覆信息，68%因經常在線而感到疲累。他們保持在線主要為盡快回覆信息、已成習慣或擔心錯過資訊，也有兩成多受訪者因上載內容較少like而不開心，有的更曾遭遇網絡欺凌。

父母身教樹立榜樣

社交媒體無疑方便我們隨時與親友聯繫，互相分享生活點滴，讚好和正面回應，亦可帶來正能量。但是沉溺於呃like，卻易令人上癮；以like來衡量自己的價值，太在乎別人的認同，也是缺乏安全感的表現。而且人們傾向在社交媒體展示最好的一面，塑造美好的假象，引來比較、嫉妒、自我形象低落和對生活滿意度低。過度依賴社交媒體，可引致壓力、空虛、孤獨、自卑、抑鬱等負面情緒。父母應以身作則，平日不要機不離手，為孩子樹立好榜樣。另一方面，父母若注重親子關係，與子女建立良好的溝通，給予充分關愛與支持，子女對虛擬讚好的心理需求會較低。此外，鼓勵孩子參加日常社交及有益身心的活動，沉迷社交媒體的機會自然可以減少了。

犯錯是成長必修科

專家顧問：徐惠儀 / 親子教育工作者

　　我們生活在一個講求效率和準確性的時代，越來越不能容忍犯錯。可是，無論計劃有多周詳，做多少保險措施，錯誤有時仍是無可避免，這應驗了Murphy's Law（梅菲定律）的理論，「If anything can go wrong, it will.」（凡是可能出錯的，總會出錯）。

多犯小錯 預防犯大錯

　　父母最害怕的，是孩子不停地犯錯，有時更是屢錯不改，尤其是踏入少年反叛期的孩子，他們喜歡跟父母作對，明知故犯的態度，更令人氣惱。糾正孩子錯誤的行為，當然是父母的責任，但當了解孩子犯錯是成長必須的學習經驗後，讓孩子在錯誤中學會反省，找到改善的方法，更是孩子成長的重要指標。

　　有些人小時候很乖巧，生活循規蹈矩；可是在長大後，他們卻經常出軌犯大錯，這可能是心理上未完成的任務。小錯不犯的孩子，日後犯大錯的機會反而會增加，因為犯錯其實是一種成長

的心理需要。小錯是不斷對外界認知和探索的經驗，從而獲得犯錯的「免疫力」，以及懂得保護自己，表現與年齡相稱的正確行為。

二、三歲的孩子想自己拿東西吃，卻不小心掉到地上，然後父母耐心地教導他們如何用正確方法去做，在不斷失敗中，孩子就學會了如何拿穩東西。假如父母大聲斥責他們不小心，或是不許他們再次嘗試，當沒有機會犯錯時，到了四、五歲，孩子仍是不懂得自己進食。

不要逃避 為錯誤負責

沒有禮貌、不知道甚麼是危險動作、不會節制、行為幼稚的少年人，究其原因，很多都是父母過度保護而養成他們如此的修養。在不斷犯小錯的過程中，孩子才可從中學習自我完善，不會等到長大後才犯不該犯的大錯。

不想孩子犯錯的父母，事事會做足防護措施。例如在呈交功課之前，三檢五驗，雖然功課是完美無瑕，還經常取滿分；但孩子在臨場的測驗考試時，卻不敢下筆，表現欠佳，這全因他們欠缺了一份冒險的自信心。

從不犯錯的孩子容易被完美思想所困，做得不夠好，倒不如不做；做錯了就好像永不能翻身。家長經常為孩子抹去錯誤後果，當他們日後要面對錯誤時，便會顯得驚惶失措，或是喜歡找借口推卸責任。

平復情緒 積極引導

父母應給孩子一個信息，那就是：錯而能改是人生最寶貴的功課。無論遇上任何事情，父母都會接納、支持他們，孩子自然不會向你隱瞞錯失。

面對不停犯錯的孩子，父母要小心自己情緒失控，不經意地用了過份負面的言詞，例如：「你有沒有腦袋？」、「你冇得救了！」、「你是人還不是？」傷害了孩子的自尊。

要孩子知錯能改，應先平復自己的怒氣，找個安靜的時間、地方，跟孩子面對面，不是要他們為認錯而説「對不起」，更重要的是引導孩子思想自己錯在哪裏，他們的行為對自己或別人造成甚麼影響，鼓勵他們從錯誤中學習承擔責任，避免再犯。

成長障礙賽

專家顧問：徐惠儀 / 親子教育工作者

　　城中一個有關於綜援家庭的調查，顯示這類家庭的孩子大部份沒有自己的書桌，過去三年亦沒有外遊的機會，恐怕他們會輸在起跑線，呼籲政府作出更多的資助。這個調查，卻引起了一陣討論。

贏在起跑線？

　　有些經歷過艱苦成長，而今日略有所成的中年人，認為缺乏的環境倒能培養出逆境智商，以及克服困難的堅毅不屈精神。可是，談論別人的孩子則容易，綜觀整體的社會氣氛，家長仍是一窩蜂的把學業的起跑線不斷推前，連幼稚園生都要補習和參加遊學，為的是應付升學面試，爭取入讀心儀的學校。

　　孩子的成長路，越鋪越難走，越走越漫長，父母究竟如何與孩子攜手同行，跨越成長的障礙呢？

今天議論不休的「贏/輸在起跑點」，看的是升學的途徑，家長為孩子訂立的成功指標都指向最高的學府，路徑雖然清晰可見，但大夥兒都擠向同一方向，就會有人被迫出局。

成功的路不只一條

若孩子因為種種原因趕不上大隊，走不上主流，並不等如沒有路可走，除了高速幹線，總還有繞道可供選擇，「轉個彎一樣有路行」的思想，最能夠為孩子打氣。一個人的成長亦不只限於學業成績，應教孩子開拓成功的領域，例如：強健的體魄、靈活的身手、人際的網絡關係、多角度的思維能力及美藝音樂的才華等，發掘培養多元智能。

培養積極正向心理

成功的運動員最重要是有積極正向的心理素質，這是在艱苦訓練與失敗中培養出來的。

初生之犢不畏虎，敢於做夢、創新、冒險，不怕跌倒，「輸得起」是孩子的本錢，就算選擇錯了，走錯了路，給障礙物絆倒了，孩子總不會認輸，仍會站起來再奮鬥。

「輸不起」反而是父母的心態，為孩子披荊斬棘，除去關卡障礙，建造一個成長的溫室，孩子反而會失去天生的求生本能，偶爾失敗，就只會坐着等救援或自暴自棄。

讓孩子走自己的路

父母為孩子開的路，有闊有窄，孩子走在其中，不用自己開拓選擇，有的感到輕鬆舒暢，亦有因為期望過高而感到壓力，怕辜負父母的期望。

「路是人走出來的」，為了到達目標，人會為自己開路。在成長的過程中，父母要由創路者的角色，漸漸淡出，成為孩子的生命師傅，引導他們訂立自己的人生目標使命，闖出個人新天地。

是的，沒有平坦的成長路，積極替孩子鋪路的父母，不要忽視孩子本身面對成長挑戰的能力，更不要成為他們成長的最大障礙。

一盤香蕉學品格

專家顧問：徐惠儀 / 親子教育工作者

　　我們每天都面對着充滿誘惑的生活環境，家長應如何教育孩子？以下這個故事，由一盤香蕉所帶起，如何讓孩子學會自愛、自重，令他們成為一個有品格的人，才是家庭教育的最根本。

一盤香蕉的引伸故事

　　假日遠足，在荒涼的鄉郊小路旁，擺放着一盤惹人垂涎的香蕉，無人看管，只有一個小籃子，裏面放了十多塊錢，還有一塊紙牌寫着「自重」、「多謝」。

　　多疑的城市人反應不一。小心！這可能是電視台偷拍「整蠱」途人的節目，不要上檔；那十多塊錢是賣蕉的人自己放進去的，好像有些乞丐也會以這伎倆來誘人施捨；這個「誠實管理」系統有效嗎？恐怕會貨財兩失。也不，反正香蕉吃不完也會變壞的，就算有人取了不放錢亦不是大損失，那販賣香蕉的人不用花

206

人力看管，又方便遊人，有多少收入也算是賺了。一對父子經過，兒子欲伸手取香蕉，父親即時訓斥：「幹嗎？想做賊！」

若這位父親願意慢慢地跟孩子討論，這盤香蕉確實是一課活生生的品格教育。

自重是看重自己

孩子每天所處的環境充滿着誘惑，在沒有人看見的時候，就可以偷人家的東西嗎？不在老師的視線範圍就可以作弊嗎？還沒有完成功課，就可以玩電腦嗎？想跟朋友去玩，就向父母撒謊嗎？

懂得自重，就是看重自己，令自己成為一個有品格的人，不會因為貪一時之快或一時之樂，就放棄高尚的人格，變成一個小偷、作弊者、說謊者......吃了一隻香蕉，失去了品格，值得嗎？

一個看重和愛惜自己的人，亦會得到別人的尊重和讚賞。

自重是自己的選擇

這個世界有很多人都不曉得自重，也不會尊重別人，他們犯了錯，破壞了規則，卻沒有被即時逮捕，可以逍遙法外，洋洋得意，令守法的人感到不公平。為甚麼他吃了香蕉而不用付錢，我卻要誠誠實實呢？

自重是個人的選擇，當我們認定自重是一種重要的品格價值，不管別人怎樣，也要切實的去實行，因為我們相信，只要多一個人懂得自重，這世界便會變得更美好。

挑戰自己和孩子，在誘惑當前，作出自重的選擇。

自重是信任的基石

人際交往需要彼此的信任，假若朋友把一些東西暫託你看管，或是負責金錢管理，你不懂自重而作出監守自盜的話，除了會受法律制裁外，亦會失去別人對你的信任。

一盤沒有人看管的香蕉，物主的原意是吃者自付，對誠實的人投放信任。若吃的人都不自重，叫物主不斷蒙受損失，他惟有實施監管售賣方式，加添人手，提高香蕉的售價了。自重得到更多的信任，減少猜疑防衛，人際自然變得更和諧。

若你能每天多跟孩子討論遇到的品格難題，他們一定會學懂自愛自重。

正確解讀老師評語

專家顧問：朱綽婷 / 親子教育工作者

　　進入隆冬，又到莘莘學子完成考試評估，學校紛紛安排家長日的時候。孩子成績表所記載的成績等級和名次，固然可令爸媽心跳加速以及血壓上升，但老師對孩子的評價，往往會帶來更大的回響。

老師評語 刺中死穴

　　「活潑好動」不好嗎？老是要孩子遵守老師的吩咐，豈不是扼殺了孩子的創意？孩子說是「內向文靜」，便是性格被動啊！老師這是甚麼意思，學生一定得主動，凡事都要吸引鎂光燈才行嗎？孩子只是上課時偶爾開小差、發發白日夢而已，老師怎麼不能包容一下孩子的落後？老師的要求是不是太高了？

　　老師的評語，跟自己對孩子的觀察無論脗合與否，若能朝着客觀的方向去理解，本應可為爸媽提供重要線索去理解孩子的另一面。但奈何當期望出現落差，又或是老師提出的意見，恰恰刺中我們的死穴時，難免會令人氣上心頭，「衝手而寫」的回應，

輕易就把家校關係弄僵，甚至彼此敵對，不但沒法彼此溝通如何幫助孩子適應學習，反而把孩子牽涉其中，成為磨心。

平靜情緒 反覆思量

要做到盡量客觀地去解讀老師的評語，保持心境平靜是基本。為甚麼老師的某句話、某個觀察會顯得特別礙眼？是因為這正正也是我們不滿孩子的地方？是因為這是我們期望孩子有所發揮的地方，但結果卻大失所望？是因為老師所點出的是父母不想面對的問題？是因為孩子的問題，正正就是我們自己也要面對的問題？有些不協調可能源於教育制度，也有可能跟校政有關，但最有可能的，就是跟我們的「情意結」有關，若不好好地先把這個結處理好，相信很難心平氣和地慢慢解讀老師的評語。

善用問題 抽絲剝繭

成績表的篇幅與家長日的會面時間都有限，老師很難三言兩語便把孩子的狀況明明白白地說清楚。但有幾個問題，爸媽不妨向老師提出，以便彼此更能聚焦於了解孩子的需要，如孩子在學校有哪些表現，令老師留下評語中的印象？孩子的情況嚴重嗎？有哪些地方爸媽需要在家注意的？老師有甚麼建議幫助孩子改善問題？就是在家中，也可以旁敲側擊，向孩子打聽其在學校的情況，關心他們會不會有些困擾沒有告訴爸媽，然後再耐心開解。

重視老師的評語

英語世界中有句說話：「It takes a village to raise a child.」就算爸媽對孩子的了解有多深入也好，孩子總有些行為表現，會超出父母的理解範圍，特別當孩子一天花在學校的時間，比在家還要多的時候，老師作為爸媽養育孩子的最重要伙伴，他們的意見是值得我們客觀思考，除非遇上有心留難的老師，否則，就是我們覺得礙眼的評語，也該慢思細嚼，說不定爸媽的教養盲點，會因此而消除呢！

別拒絕再玩

專家顧問：譚佩雲 / 親子教育工作者

　　對於我這個在香港土生土長的人來說，越益發現這城市的怪異；特別是當我看到電視播出一段宣傳片時，就更從心底打了幾個寒顫。不知道你可有看過？但這確實帶來一個很大的反思。

嚴重忽視 玩樂權利

　　這段宣傳片是由聯合國兒童基金會香港委員會所拍攝的，其目的是推廣對兒童遊戲權利的關注。這麼的一個關注，相比起其他，諸如：兒童的生存權或受保護權等，涉及生命安危的權利來說，兒童區區少一點玩樂可能算不得甚麼。這也許是真的；然而，叫人感顫慄的是，家長對兒童玩樂的態度，以致兒童基金會不得不借用大眾傳媒，以影像作廣泛教育，可見普遍家長對孩童玩樂的嚴重忽視。

我玩樂 故我在

　　基金會2013年秋冬刊（總第34期）的焦點以「還兒童真正童

年」為題，簡單扼要地闡明遊戲對兒童身心健康成長的重要，並羅列了「全球兒童遊戲權利被壓榨的十大元凶」，而這十大元凶亦反映了時下怪獸家長對兒童玩樂的觀念。其中最常見的是以電子遊戲媒體，代替接觸大自然或戶外遊戲玩樂。

當我年幼時，我們隨時隨地可把手到拿來的任何物品變為遊戲：褲頭繩變為花繩、一張紙可變出「東南西北」，亦可以變為「天下太平」……當然，最重要的是，我們有的是時間和空間，那種自由是現代孩子所最為沒有的。但更重要的是，每次玩樂，都是自我實踐的機會；我玩樂故我在，我的創意、我的喜愛、我的規劃、我的……一切都是由兒童作主導，成人都要靠邊站！然而，現代家長卻無孔不入，就連孩子的玩樂空間亦不放過。家長過份擔憂戶外玩樂設施和環境的安全，於是就以電子玩樂代替，但電子玩樂只是把孩子禁錮在飄渺的虛擬世界，虛擬的反成真實，這是否家長樂見的呢？

勤有時，戲有時

普遍家長均認為，課外活動或上興趣班不就是玩樂遊戲嗎？我曾教授孩子寫作興趣班，但絕大部份孩子都不是自願來的。而每次下課，只要是家長到場接送孩子的話，他們總會把握任何時間提問：「有證書頒發的嗎？」、「有優次級別頒獎嗎？」、「能否為孩子寫點甚麼，以幫助他升中嗎？」。説到底，家長讓孩子上課外活動或興趣班，都是為了升中鋪路，並不是讓孩子體驗這些活動的樂趣。

而更甚的是，課業沉重、家長重視孩子學業成就遠多於其他。在宣傳片中那四位爸媽所説的，正正是反映出家長對學業的重視：「要練琴！」、「你的功課做完了嗎？」、「別騷擾！」和「快要上課啦！」。孩子只活在課業裏，與玩樂遠離；結果，孩子長大了，就沉溺於玩樂，以彌補童年的缺憾！這又是否家長給孩子「供書教學」的意願呢？

還孩子一個真正童年，但甚麼是「真正童年」？親愛的爸媽，回想你自己的童年，回到你童年時，你盼望過自己孩子正過活的日子嗎？如果你自己不願意的話，為甚麼要求自己孩子要這麼過活？「戲」有益，而遊戲的益處遠多於家長想像的壞處呢！

歉疚不是教養平台

專家顧問：朱緯婷 / 親子教育工作者

　　孩提時，每到農曆新年，我的爸爸都會炮製私房蘿蔔糕，以饗各方親朋好友。到自己當了媽媽，很想把這個傳統延續下去，也希望孩子能參與其中，感受這傳統背後，那份關愛身邊人的心意。

時而甜蜜 時而激心

　　雖然隨着孩子身量漸長，他們於過程中能參與的環節越來越多，但孩子的耐性始終有限，當哥哥完成了自己的部份時，便嚷着要爸媽給他說故事。由於我們仍有一大堆的手尾要善後，而時候也不早了，惟有請哥哥先上床休息，待第二天早上才補回故事時間。不得要領的哥哥，在床上晦氣地說：「蘿蔔糕一點也不重要！」意思是怪我和爸爸，把蘿蔔糕看得比他重要。

　　這一代的孩子每每伶牙俐齒，他們的話可令爸媽在瞬間穿梭於天堂與地獄之間。當孩子擁着爸媽說「我愛你」時，那份窩心

貼心關護 寶寶健康
Care for your baby health

意大利

紅外線
快速探熱器
No Contact Thermometer

- 無觸式一秒快速測溫
- 採用濾光片,測溫更準確
- 設有發燒警報及自動關機功能
- 大背光顯示屏,旋轉表圈,
  可選擇測量模式
- 儲存最近 10 次測量溫度

UV多用途消毒機
Melly Plus UV Sterilizer

- 3秒快速消毒殺菌
- 細小輕巧,方便攜帶
- 一般安撫奶嘴、奶嘴
  及寬口奶瓶均適用

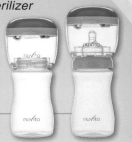

www.nuvitababy.com

恍如嚴冬中的暖陽，不但驅寒保暖，就連最陰沉的心情，也統統被驅散。然而，有更多的時候，孩子的話不但「激心」，還會傷透爸媽的心。遇過不少父母，在教導孩子時，被孩子衝口而出的：「我不愛你！」、「我討厭你！」等如刀一樣鋒利的話刺痛。心一痛，本打算對孩子循循善誘的心就軟下來，方寸頓失。

別被惶恐歉疚拖垮

常覺得我們這一代父母很易就被歉疚的霧氣所包圍，覺得自己不夠時間陪伴孩子，我們感到歉疚，也害怕自己在孩子心中的地位動搖；覺得自己未能為孩子提供「最好」的生活，我們感到歉疚，也害怕吃苦頭會教孩子心理發展不平衡；覺得沒有為孩子爭取到能通往人生康莊大道的升學機會，我們感到歉疚，也害怕孩子的人生就此便會毀掉了。只要父母覺得自己不夠完美，歉疚感就會揮之不去，惶恐也會緊緊相隨。

並非說為人父母的就不能有負面情緒，只是若我們容許惶恐與歉疚透過想像而無限放大，又以此作為我們教養孩子的父母。縱然我們可以依循專家意見和經驗作藍本，教養孩子的路，仍是要摸着石子，一步一步去走，過程本身就帶有實驗性，實驗成功固然欣喜，就算結果出現偏差，甚或失敗，也不致世界末日，把方向修正一下就是了。

看準重心 珍惜機會

面對哥哥的怪責，心裏並不好受，也閃過先跟他說故事的想法，只是回心一想，或許這也是另一個機會，教他明白自己不是世界的軸心。最後我把手上的工夫擱下來，告訴他媽媽相信大家都很享受一起做蘿蔔糕的時光，只是若我們不盡快完成其他工夫，結果就會浪費了大家的一番心血，我們明白他希望爸媽陪伴，但我們也需要他的體諒；等待是他需要學習的功課，但在他練習等候的期間，蘿蔔糕絕不會取代他，成為爸媽的寶貝。

下次當孩子情緒失控而對爸媽大聲吼叫「我不愛你」時，試試不慌不忙的，先擁抱孩子安撫他們的情緒，並趁機理清孩子情感上需要甚麼？行為上需要被調校的又是甚麼？待大家心神安定下來，再對孩子循循善誘，才不致被惶恐歉疚的霧氣所惑，於教養的迷宮中徒然奔波。

不！快樂童年

專家顧問：譚佩雲 / 親子教育工作者

　　只因這簡單的五個字：「不快樂童年」，便牽動了不少爸爸、媽媽的心。然而，不要小看這五個字，它們如何擺位，所得出的意義和結果，是可以完全不同的。

入讀兩所幼稚園

　　如果你以「快樂童年」這句說話來個家長意見調查，相信絕大部份的父母都會聲稱認同，但實際卻不是；其中的佼佼者就是那些讓子女入讀兩所幼稚園的家長，他們的理由是：

1. 減少兒女與家傭獨處時間，避免不必要的猜疑或虐待事件
2. 方便照顧
3. 從小可以多元學習，擴闊子女的眼界

當然還有更多理由，上述三項只是較多人提出和相信的，但只要稍微思考一下這些「理由」，便不難發現可犯駁的地方。誠然，因着兒女大部份時間在幼稚園，確是減少了家傭和小朋友共處的時間。但少了共處時間，不代表會減少衝突或張力，因為家傭每日需要接送少主的次數多了，並且要趕做早餐、趕上學、趕做午餐，再趕上學，家傭與少主之間的張力和衝突機會會因而提高，反而破壞了家傭和少主及僱主之間的關係。

不喜子女太多閒暇

而為了方便照顧，何不讓孩子入讀全日制幼稚園？不是更容易照顧嗎？而入讀兩所不同教學法的幼稚園不等同於能有多元學習。多元學習是一種學習態度和思維，其實只要每天留心觀察和欣賞身邊的一切，每天都可以是多元學習的實踐。

說穿了，是因為家長不太喜歡年幼兒女有太多閒暇。有家長在訪問中坦承，不讓孩子入讀全日制幼稚園，是因為不喜歡他們有午睡，午睡後只是玩樂和等放學，浪費了時間，實在是對「快樂童年」說不。

別造就「不快樂人生」

這種向快樂童年說不的情況，近年更是越演越烈。我認識一位仁兄，他的女兒剛滿1歲，便學習西班牙語，每月學費不菲。問他女兒已懂說話了麼？他斬釘截鐵地說：「甚麼話也不曉。」他和太座都是土生土長的香港人，有需要學習西班牙語嗎？結果現在他要帶女兒上語言課，是語言治療課，另加心理治療，因為女兒一直不能跟同齡友儕交誼，也不懂得表達自己，何苦呢！

父母一心以為，「快樂童年」只會變成「悲哀成年」，於是就「快樂童年？不！」但殊不知，向「快樂童年」說不的結果是「不快樂童年」，並且造就「不快樂人生」。

其實甚麼才是「快樂童年」？每位家長都有不同的定義和內容，然而，無論你的定義和內容是甚麼，對我來說「快樂童年」就是簡簡單單的讓孩子做回他們可做、該做和必做的事：可做的錯，該做的善和必做的樂。

反叛為建立自我

專家顧問：徐惠儀 / 親子教育工作者

　　少年孩子的思想和行為，每天都在變，很多時令家長難以捉摸，不知道如何跟他們相處。因此，有不少家長疑惑，究竟子女是長大了，抑或仍是個小孩子呢？

個案：愛反叛的孩子

　　幾個參加興趣班的少年聚在一起，互相介紹。

　　他個子小小的，身材瘦削，說起話來卻一點也不含糊：「我不喜歡玩遊戲機！」大家都瞪眼看着他，不太相信自己的耳朵。

　　一頭清爽短髮的她，一開口就叫人驚訝：「我升小六就決定要反叛，做一件不讓爸媽知道的事。」原來她自拍短片放在網路上，教的是如何玩遊戲應用程式。

　　另一個胖胖的小伙子，很有冷面笑匠的潛質，以弟弟考全級第一來自嘲成績不佳，卻是網路遊戲高手。

與眾不同vs跟上潮流

雖然大多數的少年都喜歡「埋堆」，跟着同輩追逐潮流，上網和玩線上遊戲是青春期孩子的首選活動。然而，亦有人作另類的選擇，與眾不同。孩子不「打機」，家長當然會讚賞，且需要更多的支持，因為他們逆流而上，對同齡的朋友來說亦是一種「叛變」。

他們要特立獨行，就更需要找到自己要走的路，建立另一種興趣或目標，肯定自我的價值。

追尋夢想vs跟父母安排

少年孩子內心的掙扎跟父母的矛盾有相似之處，在要獨立自主與繼續依賴父母的庇蔭之間徘徊。

不想事事跟隨父母要求的孩子，又不想句句頂撞，或怕父母不停囉唆，於是實行表面順從，暗地裏叛逆。難怪有父母忽然發現乖仔、乖女瞞住他們跟朋友去「唱K」、買了奇裝異服、上網交了異性朋友……甚至沒有上補習社、去了學跳街舞。除了參與一些父母不同意的活動，也有孩子為追尋自己的夢想，不想父母插手，暗地開展自己的「事業」，例如：開設網上商店，出售自己的小手藝。

這些反叛的少年，其實都是有才華的孩子，若父母細心觀察，予以適當的鼓勵指引，讓他們有尋夢和實踐理想的空間，就是失敗了，也可以從錯誤中，建立堅毅的自我。

競爭比較vs自強不息

要培養自我感覺良好，有健全人格的孩子，在敏感的少年孩子面前，父母切忌把他們跟別的孩子比較。給比下去的感覺對自我肯定極具破壞力，使他們對自己產生負面的評價；或從比較中勝人一籌的孩子，又會產生自以為是的驕傲。

父母對現今社會只重視成績比較的價值觀說「不」，教孩子自強不息，為自己訂立可行的目標，這才是實際的成長挑戰。

燉出來的創意

專家顧問：徐惠儀 / 親子教育工作者

看着人家的孩子表現出眾，父母會為自己的孩子暗暗焦急，有時按捺不住，會催逼一下，甚至插手幫一把。久而久之，孩子不但沒有改進，反而學會了等待援手，欠缺自己的想法和解決問題的能力，創作力亦被削弱了。

個案：過份催逼減低動力

站在遊戲攤位前的孩子，正在猶豫不決，想參加「急口令」又怕表現不好。媽媽在旁打氣，但練習機會只有一次；孩子預備開腔了，媽媽跟孩子一起朗讀，是太投入吧，她讀得比孩子更快、更大聲，孩子的聲音漸漸被隱沒，他停了下來，不肯再繼續。

媽媽感到丟臉，對主持人說：「他就是這樣，做甚麼事都不夠主動，慢吞吞的。」

創意是解難能力

培養孩子的創意，除了給他們創作的練習，還要給他們發揮創意的空間，而創意是燉出來的。

教孩子寫作，常常聽到的回應是：「有甚麼好寫？」、「想不出來！」、「題目好難啊！」孩子不是沒有創意，只是他們一看見困難就想退縮。有經驗的老師不會一開始就給學生一篇範文，教他們抄襲；難題是解決了，但一點創意也沒有。

創意雖然可以天馬行空，卻不是無中生有。範文可以是創作的參考資料，師長的責任是引導孩子思考，透過觀察、聯想、討論……擴闊思維，把新的資料與已有的知識、經驗重組結合，寫出自己的文章。

每一天的生活都有難題，解決的方法可以不一樣，就是發揮創意的機會。如果孩子說你每天都煮同樣的菜式，就請他們提供一些有創意的方案吧！

培養創意的土壤

習慣了考試和測驗模式的學習，孩子最喜歡問標準答案，害怕失敗與爭取分數的壓力，也會減低創作思考的意慾。家長應鼓勵孩子跳出思想框框，第一步是學會放鬆，多玩沒有標準答案的遊戲，例如故事接龍，可以讓孩子自由想像，由現實生活轉移到外太空的環境都可以，沒有空間的設限，可以違反邏輯，任創意飛翔。

創意發揮要醞釀

有說：人急智生，固然是創意的表現，但創意的發揮有時更需要時間去醞釀。當你看完一個廣告、一套電影，又或是改變生活模式的新產品，可能是由靈光一閃的意念開始，卻也是創意人熬過無數日子才成功推出的。所以，當孩子正在思考的時候，不要打斷他們的思緒，更不要嘲笑他們反應慢，創意是需要時間和空間燉出來的。

均衡的健康生活也是培育創意人的要素，吃得好、睡得足，喜愛與人交往，身體和心靈都充滿活力的孩子，創意自然流露。

創意是快樂泉源

專家顧問：徐惠儀 / 親子教育工作者

　　泥膠、輕黏土、自由組裝的積木、沒有標準答案的創意問題、為故事續寫新的結局、為難題尋求解決方法……，只要父母給孩子一個開放的心懷與足夠的時間，他們定會手、腦並用，發揮創意，向未知的可能空間進發。

製造自由探索空間

　　買了新玩具回家逗二、三歲的幼兒，他卻對包裝盒子最感興趣，翻來覆去的把玩，把新玩具棄置一旁，爸媽為之掃興，玩具並不便宜呢。

　　五、六歲的孩子，有高床軟枕不睡，自己在客廳用紙箱、膠地墊、坐墊、床單搭建一個「露宿者之家」，還嚴禁爸媽進入，獨佔這小天地。

　　八、九歲的孩子，試着編寫一個天馬行空的幻想故事，不管別人是否明白，自己卻樂在其中。

好些在父母眼中看為浪費時間，沒有意義，「攞苦來辛」，甚至是瘋瘋癲癲的行徑，孩子就是一意孤行，極力爭取，因為這是屬於他們獨有的創意，一個讓他們生活得更快樂和更有動力的泉源。

鼓勵孩子發揮創意

創意的基石是保存稚子的好奇心，以及解難的能力，而探索是最重要的起步。太多預設的學習程式，如電腦遊戲等，會限制了孩子的擴散思維與組織能力，令他們只懂得按鈕得分，學會直線的反應，缺乏多角度思維的回應。

袖手旁觀減少批評

怕孩子犯錯的父母，總是按捺不住插手管理孩子的活動，或給孩子提供答案。完美主義者更經常以高標準量度孩子的表現，事事作出批評：「看，你總是弄得一團糟的！」

記住，創意的發揮很多時就是「不按常理出牌」，若父母太過小心，太早糾正孩子的想法、做法，不讓他們作「出位」的嘗試，孩子就只好因循的照本子辦事了。

當孩子正在進行一些試驗性的計劃或活動，除了是不道德或危及人身安全的行為，父母還是退後一步，袖手旁觀一陣子，就是明知他們會失敗，也該讓他們試試，創意不一定帶來成功的效果，但當中的過程是最重要的學習成果。

創意教養 孩子不壞

別以為孩子要一板一眼的教養，才會懂得循規蹈矩；滿有創意的父母，可以給孩子更別樹一幟的引導，使孩子更樂意接受成長的挑戰。例如：喜歡跟你唱反調的孩子通常頭腦靈活、反應敏捷，父母與其跟他們對着幹，不如退一步，發揮創意教養法──「反其道而行」，例如：孩子嚷着説：「今天的菜很難吃！」家長不要墮入跟他們鬥嘴的陷阱，可以試着回應：「噢！改天給你煮好吃的。請先給我一點鼓勵，告訴我這個菜一些優點吧！」幽默感是教養創意小孩的絕招。